建筑信息模型（BIM）技术应用系列新形态教材

Revit（土建）实训

周土发　王　琼　主　编

清华大学出版社

北京

内 容 简 介

本书以一栋完工并交付使用的科技研发楼项目为载体，基于 Revit 2020 软件，详细介绍了该项目的建筑模型、结构模型、建筑表现等建模方法和技巧。本书以项目引导、任务驱动的方式编排内容，强调实用性和可操作性。全书共 14 个项目，主要内容包括 Revit 土建项目协作与建模基础知识和结构柱、结构墙、结构梁、结构板、结构基础、建筑墙、建筑门窗洞口、建筑面层、楼梯、散水及坡道、建筑屋面、栏杆扶手、内装、场地平面、建筑表现等的创建和绘制方法。

本书可作为高等院校、高职高专院校土建类 BIM 课程的学习教材，也可供建筑从业人员、BIM 技术人员学习及参考。

图书在版编目（CIP）数据

Revit（土建）实训 / 周土发，王琼主编. —北京：清华大学出版社，2022.8
建筑信息模型（BIM）技术应用系列新形态教材
ISBN 978-7-302-61168-4

Ⅰ. ① R⋯　Ⅱ. ①周⋯　②王⋯　Ⅲ. ①建筑设计-计算机辅助设计-应用软件-高等学校-教材
Ⅳ. ① TU201.4

中国版本图书馆 CIP 数据核字（2022）第 110450 号

责任编辑：杜　晓
封面设计：曹　来
责任校对：刘　静
责任印制：杨　艳

出版发行：清华大学出版社
　　　　　网　　址：http://www.tup.com.cn, http://www.wqbook.com
　　　　　地　　址：北京清华大学学研大厦 A 座　　　　邮　编：100084
　　　　　社 总 机：010-83470000　　　　　　　　　　邮　购：010-62786544
　　　　　投稿与读者服务：010-62776969, c-service@tup.tsinghua.edu.cn
　　　　　质量反馈：010-62772015, zhiliang@tup.tsinghua.edu.cn
　　　　　课件下载：http://www.tup.com.cn, 010-83470410

印 装 者：三河市龙大印装有限公司
经　　销：全国新华书店
开　　本：185mm×260mm　　　印　张：15.5　　　字　数：356 千字
版　　次：2022 年 9 月第 1 版　　　　　　　印　次：2022 年 9 月第 1 次印刷
定　　价：56.00 元

产品编号：097654-01

前　言

随着经济全球化和建设行业技术的迅速发展，建筑信息模型（BIM）技术已成为近年来在国内普及度较高的一项用于建设工程项目的新型数字化技术。本书编者通过对现行高职高专院校 BIM 教材情况的分析，结合现阶段 BIM 技术发展对教材需求的变化及建筑行业 BIM 人才相关技术需求构建本书内容。

本书基于 Revit 软件介绍 BIM 土建建模的基本操作。本书具有以下特色：根据工程造价、工程管理及相关专业的培养目标和教学标准，结合高职院校教育特色进行编写；以职业能力为本位，以产教融合为切入点，以实际房屋建筑工程项目为依托，结构清晰、内容简明；摒弃单一的软件学习目的，将软件的主要功能体现在项目模型创建过程中，以任务为驱动，使学生在学习中掌握工程实践所需技能；每个项目后配套实训任务、实施报告书，采用过程性考核和结果性考核相结合的考核方式，强调课程内容考核与评价的整体性；把握工程建设行业对建筑信息人才的需求，纳入现行的国家和地区规范条文。

全书以 Autodesk Revit 为工具，以实际工程项目为依托，将建筑信息模型的创建贯穿始终，简单易学。全书内容共分 14 个项目：项目 1 主要介绍项目准备工作，包括软件安装与工作界面介绍，中心模型、本地模型、工作集、工作视图、项目协作等的创建；项目 2~ 项目 6 主要介绍结构专业模型创建过程中，结构柱、墙、梁、板、基础的创建方法及注意事项；项目 7~ 项目 12 主要介绍建筑专业模型创建过程中，建筑墙体、门和窗、面层、楼梯、散水、坡道、屋面工程、栏杆扶手和室内装修的创建方法及注意事项；项目 13 和项目 14 主要介绍项目模型的表现，包含场地平面和建筑表现等内容。

本书为江苏城乡建设职业学院工程造价省级高水平专业群立项建设项目（项目编号：ZJQT21002311）。本书由江苏城乡建设职业学院周土发和王琼担任主编并完成统稿和校核。全书具体分工如下：项目 1~ 项目 6、项目 13 和项目 14 由周土发编写；项目 7~ 项目 12 由王琼编写。本书配套的操作视频由周土发和王琼录制完成。

本书在编写过程中，得到江苏城乡建设职业学院领导和同事的支持及同行的帮助，同时参考了相关教材、专著和资料，在此对领导、同事、同行及相关作者表示感谢。限于编者的水平和经验，书中不足之处在所难免，敬请读者批评、指正。

编者

2022 年 3 月

目　　录

项目 1　Revit 土建项目协作与建模基础知识

项目描述

建筑信息模型（Building Information Modeling，BIM），作为一个帮助参建团队进行信息交流的平台，可以帮助我们进行更好地协同工作与协同应用，使团队成员之间可以跨越部门、地域甚至国界进行成果交流、开展方案评审或讨论设计变更与工作要求。在使用 Revit 进行项目创建时，不同专业间通常需要一种协同方法来进行沟通，以满足设计需要。在 Revit 中提供了多种协同方式供使用者选择，常用的有全工作集模式、工作集链接相结合模式等。本项目将围绕 Revit 土建实训项目介绍项目协作与建模的基础知识。

项目实训目的

1. 通过本项目学习，让学生熟悉 Revit 2020 软件的操作界面。

2. 通过本项目学习，结合实训项目图纸，提高学生熟练运用 Revit 2020 创建和编辑标高、轴网的能力。

3. 通过本项目学习，让学生了解 Revit 2020 土建项目协作的一般方法。

项目实施准备

1. 下载 Autodesk Revit 2020 软件安装包。

2. 熟悉项目图纸，确定好项目基点的平面位置（XY 坐标系）。

3. 熟悉运用 AutoCAD 进行图纸处理的方法，并对项目图纸进行带基点复制，拆分相应图纸。

项目任务实施

任务 1.1　Revit 土建建模基础知识

任务学习目标

（1）正确安装 Autodesk Revit 2020 软件。

（2）熟悉 Revit 2020 软件工作界面。

任务引入

　　Revit 系列软件服务于建筑信息模型（BIM）构建，可帮助建筑设计师设计、建造和维护质量更好、能效更高的建筑。学习 Autodesk Revit 2020 软件首先需要正确安装软件，掌握安装软件的方法和技巧，同时需要熟悉软件界面及基本工具的使用方法，从而为后续软件的学习打下良好的基础。

任务实施

　　1. Autodesk Revit 2020 软件安装

　　（1）Autodesk Revit 安装步骤与多数 Autodesk 产品的安装步骤类似。安装包解压好后，双击文件夹中的 Setup.exe，接下来就会出现如图 1-1 所示的安装界面，在安装界面选择"安装"。

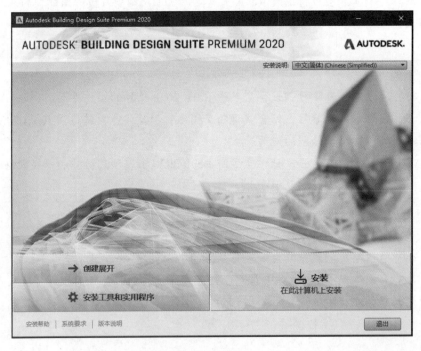

图　1-1

　　（2）在弹出的"许可及服务协议"对话框中，确定"国家或地区"为"China"，勾选"我接受"后，单击"下一步"按钮，如图 1-2 所示。

（3）选择"配置安装"，一般必须安装的为 Autodesk Revit 与 Autodesk Revit Content Libraries，其余功能按需求安装，也可在今后使用过程中另行安装。单击"浏览"按钮选择合适的安装路径，或选择软件默认的安装路径进行安装。完成以上操作后，单击"安装"按钮进入"安装进度"页面。图 1-3~ 图 1-7 为软件的安装过程。

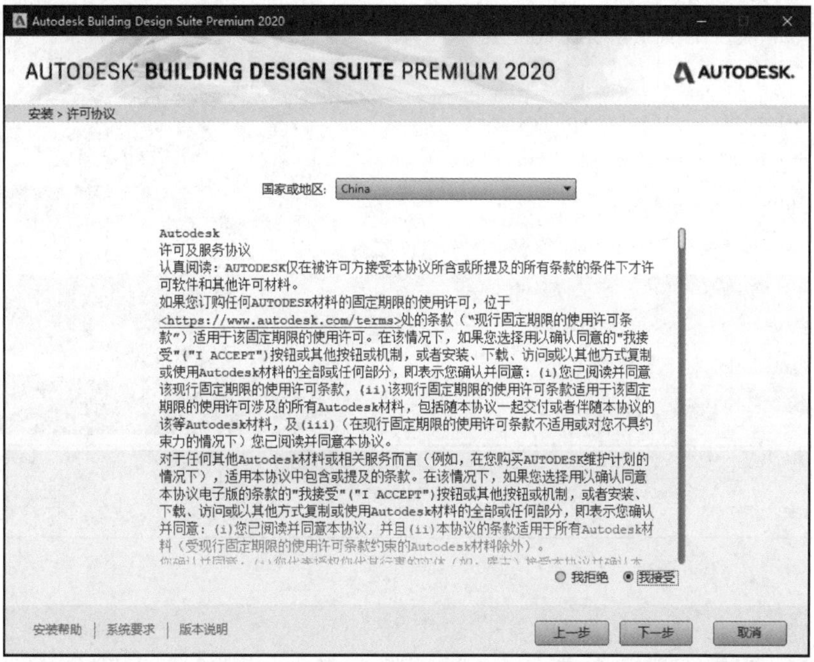

图 1-2

图 1-3

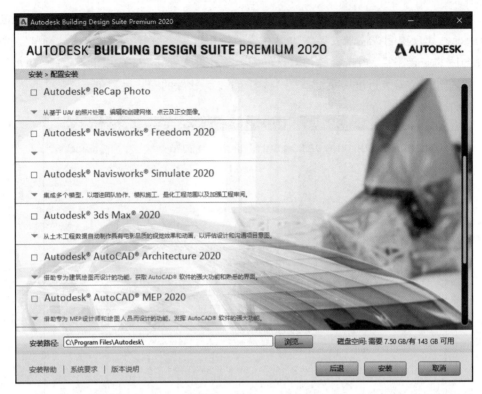

图 1-4

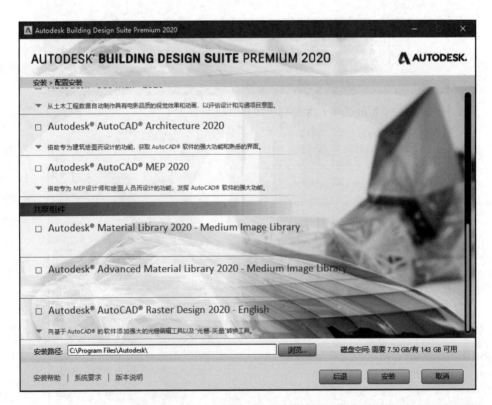

图 1-5

图　1-6

图　1-7

（4）安装完成后，双击桌面 Revit 2020 图标，进入软件激活界面，选择自己购买的激活方式进行激活，如图 1-8 所示。

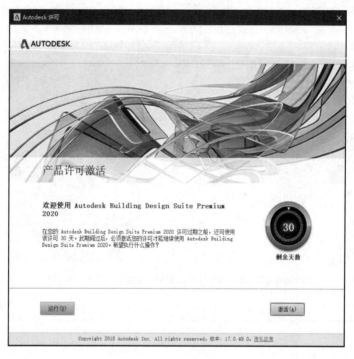

图 1-8

2. Revit 2020 软件工作界面

1）软件工作界面

双击桌面的 Revit 2020 图标打开软件，进入主视图界面，在界面最左侧的区域，可以访问"模型"和"族"，或创建新的"模型"和"族"，也可以在"最近使用的文件"界面中找到已创建的项目或者族文件，直接打开已建项目，如图 1-9 所示。

图 1-9

Revit 2020 软件的工作界面包含文件选项卡、快速访问工具栏、功能区选项卡、项目浏览器、属性选项板、视图控制栏、状态栏、选项栏及绘图区（中间区）等，如图 1-10 所示。

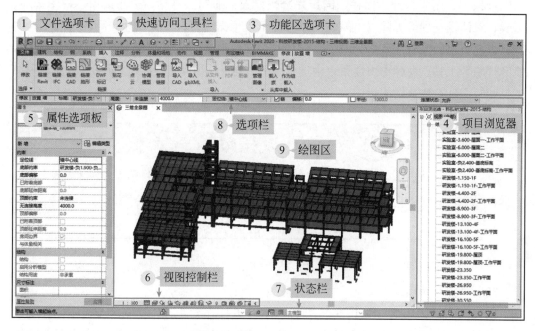

图　1-10

（1）文件选项卡。

如图 1-11 所示，文件选项卡上提供了常用文件操作，例如"新建""打开"和"保存"。还允许使用更高级的工具（如"导出"和"发布"）来管理文件。

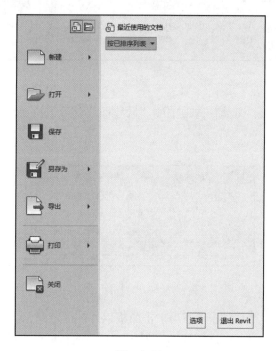

图　1-11

（2）快速访问工具栏。

如图 1-12 所示，Revit 快速访问工具栏是用于执行最常使用的命令，其位于工作界面的最顶部，用于打开、保存、同步并修改设置、撤销、打印、标注选项、视图选项、细线、对话框选项等。除以上默认工具，还可以根据需要自定义快速访问栏中的工具内容，根据自己的需要重新排列顺序。例如，要在快速访问栏中创建"墙"工具，右击功能区"墙"工具，在弹出快捷菜单中选择"添加到快速访问工具栏"即可将墙及其附加工具同时添加至快速访问栏中。

图 1-12

（3）功能区选项卡。

① 如图 1-13 所示，Revit 2020 软件在创建或打开文件时，功能区会显示。在功能区中提供了创建项目或族所需的全部工具。调整对话框的大小时，可能会发现，功能区中的工具会根据可用的空间自动调整大小。该功能使所有按钮在大多数屏幕尺寸下都可见。

图 1-13

② 如图 1-14 所示，"注释"选项中的"尺寸标注"可下拉展开，来显示相关的工具和控件。

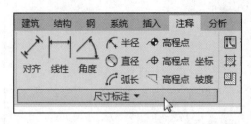

图 1-14

③ 如图 1-15 所示，默认情况下，当单击面板以外的区域时，展开的面板会自动关闭。要使面板在其功能区选项卡显示期间始终保持展开状态，可单击展开的面板左下角的图钉图标。

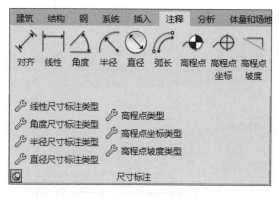

图 1-15

④ 如图 1-16 所示，某些面板右下方有一个箭头 ，可以打开用来定义相关设置的对话框。单击面板底部的对话框启动器箭头 将打开一个对话框。

图　1-16

⑤ 如图 1-17 所示，在使用某些工具或者选择图元时，上下文选项卡中会显示与该工具或图元的上下文相关的工具。退出该工具或清除选择时，该选项卡将关闭。例如，单击"建筑"选项卡的"墙"按钮时，Revit 2020 将会自动切换至"修改|放置 墙"上下文选项卡。

图　1-17

（4）项目浏览器。

Revit 2020 中"项目浏览器"主要用于显示当前项目中所有视图、明细表、图纸、组和其他部分的逻辑层次。展开和折叠各分支时，将显示下一层项目。若要打开"项目浏览器"，可依次单击"视图"选项卡→"对话框"面板→"用户界面"下拉列表"项目浏览器"，或在应用程序对话框中的任意位置右击，然后单击"浏览器"→"项目浏览器"。

（5）属性选项卡。

在 Revit 2020 中，"属性"选项板主要用于查看和修改用来定义 Revit 中图元属性的参数，如图 1-18 所示，"属性"选项由类型选择器、属性过滤器、编辑类型、实例属性四个部分组成，图示是"墙"的属性面板，当选中不同的图元属性选项板也随之变化。

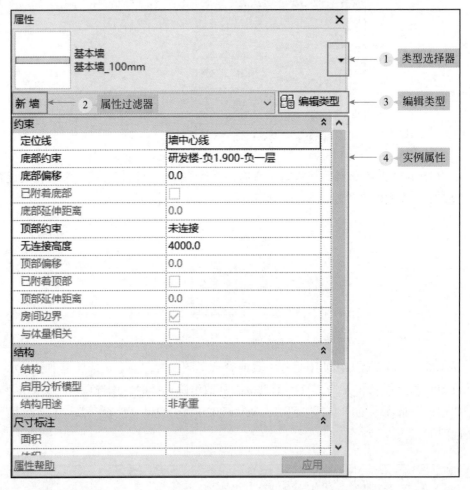

图 1-18

① 类型选择器：显示当前选择的族类型，右边有一个倒三角，就有一个选择其他类型的列表。

② 属性过滤器：在类型选择器的下方，用来显示将要放置的图元类别，以及绘图区域中所选图元的类别和数量。

③ 编辑类型：单击"编辑类型"按钮，打开"类型属性"对话框，编辑同类型图元（族）的属性，改变其中一个族的参数，项目中所有同类型的图元（族）都随之变化。

④ 实例属性：显示所选图元的实例参数（当未选择任何图元时，显示当前视图的相关属性），修改"实例属性"的值只影响选择集内的图元或者将要放置的图元。这与"类型属性"存在一定的差异。

（6）视图控制栏。

"视图控制栏"可以快速访问影响当前视图的功能。"视图控制栏"位于视图对话框底部，状态栏的上方，从左向右一般包含以下工具：比例、详细程度、视觉样式、打开 / 关闭日光路径、打开 / 关闭阴影、显示 / 隐藏渲染对话框（仅当绘图区域显示三维视图时才可用）、裁剪视图、显示 / 隐藏裁剪区域、解锁 / 锁定的三维视图、临时隐藏 / 隔离、显示隐藏的图元、工作共享显示（仅当为项目启用了工作共享时才适用）、临时视图属性、显示或隐藏分析模型（仅用于 MEP 和结构分析）、高亮显示置换组、显示约束、预览可见性（只在族编辑器中可用）等内容，如图 1-19 所示。

图　1-19

（7）状态栏。

如图 1-20 所示，Revit 2020 "状态栏"会提供相关待执行的操作提示。高亮显示图元或构件时，"状态栏"会显示族和类型的名称。"状态栏"沿应用程序对话框底部显示，内容主要包括左侧操作提示、工作集、设计选型及过滤部分等。根据需要可进行相应操作的快速访问。

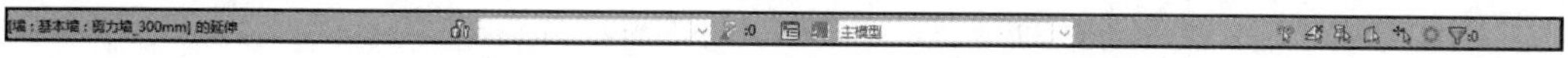

图　1-20

（8）选项栏及绘图区。

"选项栏"一般默认位于功能区下方、绘图区上方，根据当前工具或选定的图元显示条件工具。可根据自身绘图习惯将"选项栏"移动到 Revit 对话框的底部（状态栏上方），操作时，可在"选项栏"上右击，然后单击"固定在底部"，将"选项栏"固定在"状态栏"上方显示。

绘图区域显示当前模型的视图以及图纸和明细表。每次打开模型中的某个视图时，该视图会显示在绘图区域中。其他视图仍处于打开的状态，但是这些视图在当前视图的下面。使用"视图"选项卡"对话框"面板中的工具可排列项目视图，使其适用于操作者的工作方式。绘图区域背景的默认颜色是白色，可根据需要更改颜色。

任务评价

本任务基于 Revit 2020 土建建模基础知识开展，考核采用过程性考核与结果性考核相结合的方式，强调课程内容考核与评价的整体性。具体考核内容包含综合表现、项目模型建立过程评价、工匠精神表现、任务答辩四方面。具体考核方式参见表 1-1 和表 1-2。

表 1-1　实训任务实施报告书

实训任务	
班级		姓名		学号	
任务实施报告					
任务实施过程： 任务总结：					

表 1-2　Revit 2020 土建建模基础知识实训任务评价表

班级_____　　　任课教师_____　　　日期_____

序号	评价项目	评价标准	满分	评价			综合得分
				自评	互评	师评	
1	综合表现	1.迟到、早退扣2分，旷课扣5分（此项只扣分不加分）； 2.课堂学习态度积极、纪律好，主动参与课程思考，动手能力强（15分）； 3.实施报告书内容真实可靠、条理清晰、逻辑性强（5分）	20				
2	项目模型建立过程评价	1.正确安装 Revit 2020 软件（30分）； 2.熟悉 Revit 2020 软件工作界面（20分）	50				
3	工匠精神表现	1.实训体现爱岗敬业、精益求精、不断创新的工匠精神（5分）； 2.组内活动参与度，团队协作意识（5分）	10				
4	任务答辩	1.解决实际问题的能力（10分）； 2.组内协调能力（10分）	20				

任务 1.2　Revit 土建项目协作

任务学习目标

（1）能运用 Revit 2020 软件进行中心模型、本地模型的创建。

（2）能运用 Revit 2020 软件进行工作集的划分。

（3）引导学生熟悉中心文件协同平台搭建的方法。

任务引入

在实际工程项目中，项目各参与方经常会因为各专业之间沟通效率低下、专业间相互信息不流通或者是信息之间传递滞后等因素，造成工作间或专业间的各项工作无法很好地衔接。项目开展过程中往往是本专业之间的工作已经完成，而对方模型信息又有改动，导致需要重新调整自己的模型，重复修改、二次作业。通过 BIM 协同，将散乱的数据和信息整合在一个平台上，实现了专业间的数据共享，使信息沟通更加顺畅，促使多人同时在一个文件中操作。通过充分利用局域网资源，避免了复制替换的低效率工作方式。本任务旨在结合实际项目经验对基于 Revit 协同设计平台实现项目团队和信息工作流程一体化的协同工作模式进行探讨。

任务实施

1. Revit 协作常用模式及相关设置

1）Revit 协作常用模式

Revit 项目协作常用的模式有全工作集模式、工作集链接相结合模式等。在进行 Revit 项目协作时，需综合考虑项目规模及项目要求选择合适的协作模式。同样规模的项目，全工作集模式单模型的数据大于工作集链接相结合模式。图 1-21 为全工作集模式，图 1-22 为工作集链接相结合模式。本书主要围绕全工作集模式介绍 Revit 的项目协同。

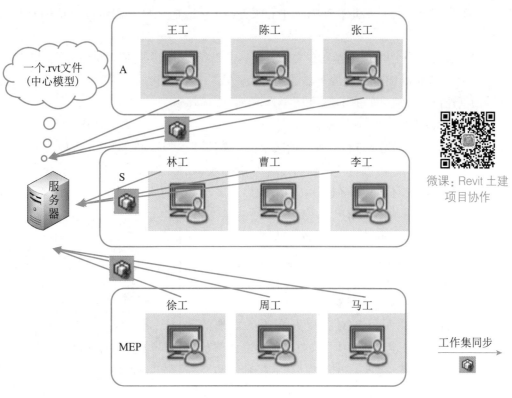

微课：Revit 土建项目协作

图　1-21

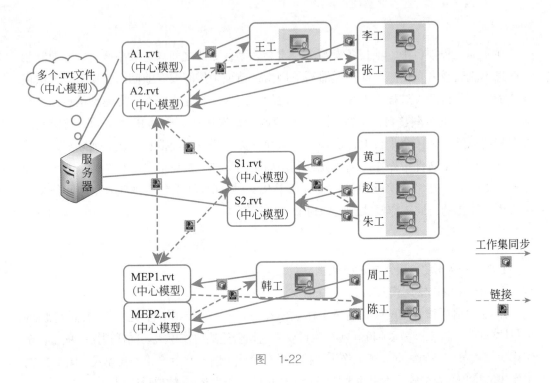

图 1-22

2）中心文件夹的创建

（1）先指定一台计算机作为 BIM 中心服务器（一般是 BIM 项目负责人或 BIM 项目经理）。

（2）映射 BIM 中心服务器所在文件夹。右击"我的电脑"选取"映射网络驱动器"，在地址栏中浏览到 BIM 中心服务器的文件夹，成功后在"我的电脑"中会显示此中心文件的创建已经完成，如图 1-23 和图 1-24 所示。

3）软件设置

协作开始前，首先要进行设置。依次单击"文件"→"选项"，打开"选项"对话框，选择"常规"按钮，可进行"用户名（U）"的修改。系统默认用户名为 Administrator，可修改此用户名为自己的姓名拼音，以避免出现多个重名的 Administrator 工作集，造成中心文件崩溃。修改的"用户名（U）"必须为英文，且在项目实施过程中不得更改。此外，应根据专业修改"视图选项"，若为建筑专业则修改为"建筑"，如图 1-25 和图 1-26 所示。

4）创建建筑中心、本地模型

项目启动时由项目 BIM 负责人在服务器端的 BIM 中心文件夹中建立相应项目文件夹，建立建筑基本轴网层高并锁定，建立"中心模型"，将轴网和层高的工作集权限归属自己。项目各专业人员创建"中心模型"在本地的副本（即本地模型），打开本地副本，创建自己需要的"工作集"，激活相应"工作集"并进行模型创建实施。具体实施如下。

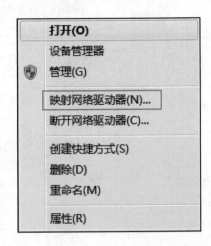

图 1-23

图　1-24

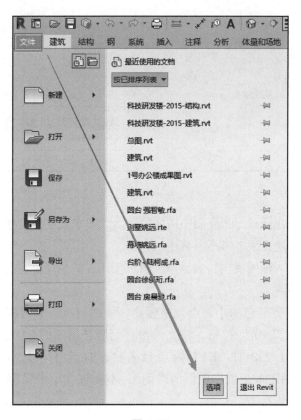

图 1-25

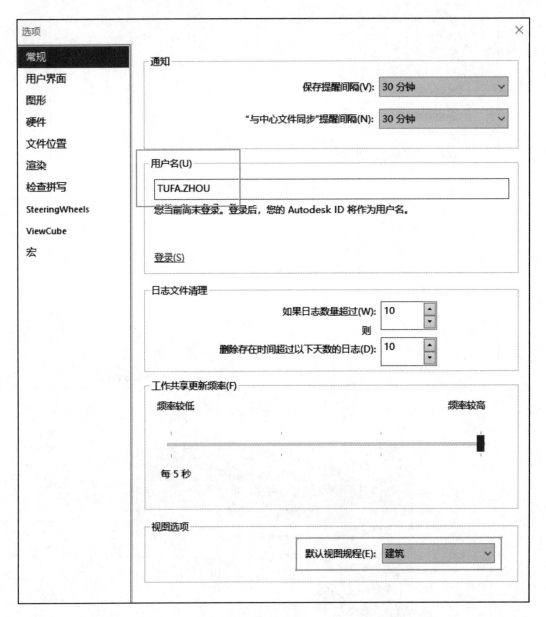

图 1-26

（1）打开软件，在任意一个立面中按照项目图纸要求创建所有楼层标高，如图 1-27 所示。楼层标高的创建方法本书不再赘述。

（2）在标准层导入轴网底图，画轴网，可以使用 VV 快捷键在视图中将底图改为半色调，如图 1-28 所示。

（3）拖动标高下方蓝色的小圆点调整标高，使之与所有轴网相交，随后单击下方的"工作集"，单击"确定"按钮，将文件保存到服务器端的 BIM 中心文件夹中，命名为 KYL_01_A_R01_220111（KYL 为项目名称，01 为子项代号，A 为专业代号，R01 为中心文件，220111 为创建项目的时间）。不要直接单击保存，单击"选项"按钮修改备份数为 10，然后保存并关闭文件。建筑中心模型创建完毕，如图 1-29 和图 1-30 所示。

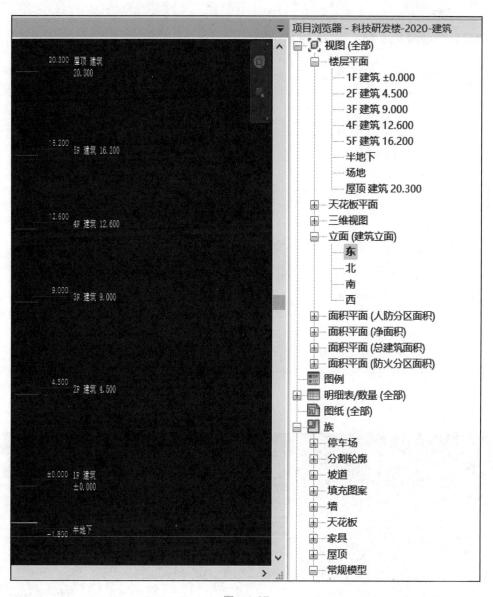

图　1-27

（4）进入本地端文件夹中，将服务器端的中心模型复制到本地端文件夹（个人工作计算机中创建的文件夹）中，本地端模型名称修改为 KYL_01_A_LOC01_ZS_220111（KYL 为项目名称，01 为子项代号，A 为专业代号，LOC01 为本地文件，ZS 为创建项目的人的名字，220111 为创建项目的时间）。打开软件，新建项目，在新建项目中打开本地端模型，单击对话框的"关闭"按钮，从现在开始不能再修改中心模型，如图 1-31所示。

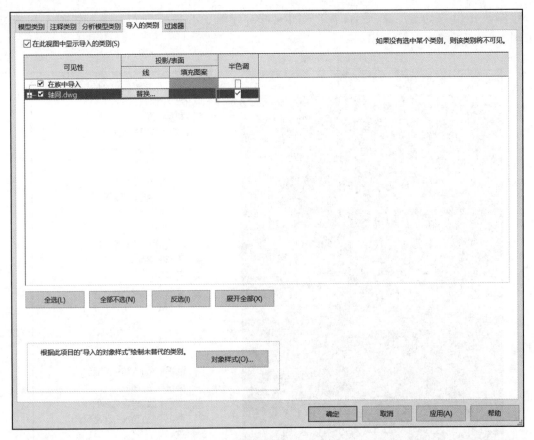

图 1-28

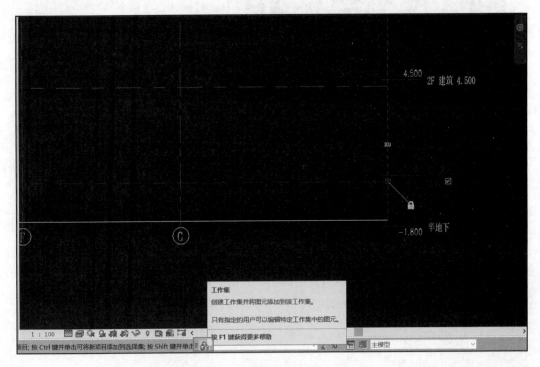

图 1-29

图　1-30

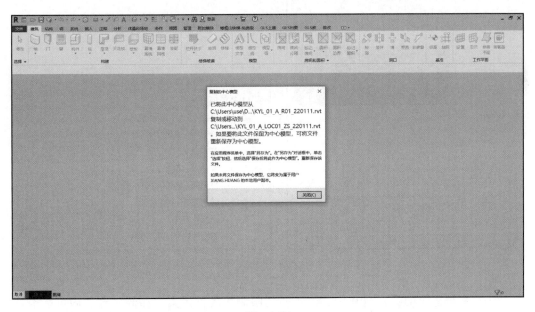

图　1-31

（5）单击视图中平面视图的楼层平面，单击"编辑类型"后选择"复制"，将名称改为"个人工作平面 _ZS"。确定后将所有楼层全部选中，单击"确定"按钮，可将这些视图名称全部重命名，如图 1-32 和图 1-33 所示。

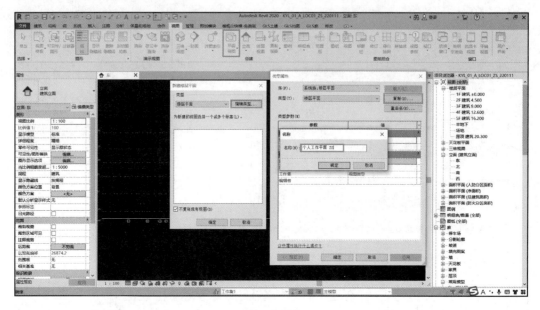

图 1-32

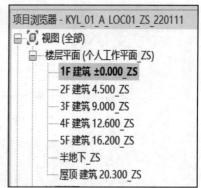

图 1-33

（6）一个建筑的设计过程中，由于时间限制等各种因素，在同一专业内可能需要多名设计师协作完成项目任务。借用"工作集"实现专业内的协作可提高工作效率。如图 1-34 和图 1-35 所示，打开"工作集"，新建各层的工作集，根据团队协作的需要，分配"工作集"的编辑权限。"工作集"创建后，在项目模型搭建时，需根据个人分配到的工作任务，在个人具备编辑权限的"活动工作集"中创建模型，切勿在其他"工作集"中随意进行编辑。只有在正确的"活动工作集"下搭建模型，才会使模型实例与"工作集"归属正确对应起来。

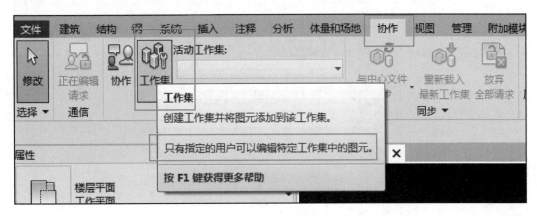

图　1-34

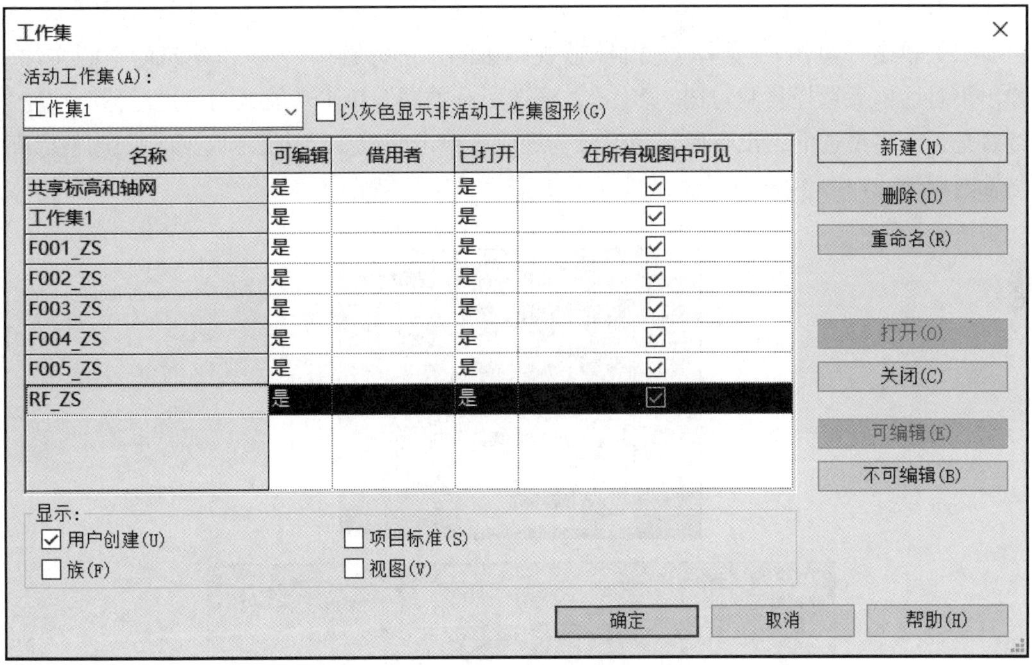

图　1-35

5）创建结构中心、本地模型

（1）打开软件，在任意一个"立面"中按照图纸要求创建所有楼层标高，然后单击"插入"→"链接 Revit"命令链接服务器端创建的 BIM 模型，如图 1-36 所示。

图 1-36

（2）单击"协作"，选择"复制/监视"中的"选择链接"，单击建筑的中心文件，弹出小对话框后选择复制勾选"多个"，框选所有轴网，单击功能区的"过滤器"按钮，查看是否有多框选的，没有后选择完成，最后再单击完成。结束后到立面视图调整标高与轴网相交，如图 1-37 所示。

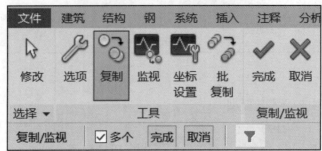

图 1-37

（3）在立面视图中单击打开工作集，将剩余图元移动到工作集，名称改为"S-链接模型"，单击"确定"按钮，再单击"确定"按钮。然后在"插入"→"管理链接”中将链接卸载，完成后另存为项目到服务器端的结构中，文件名为 KYL_01_S_R01_220111，然后关闭所有文件，如图 1-38 和图 1-39 所示。

工作共享
您将启用工作共享。
注意：共享项目需要仔细计划和管理。单击“确定”启用工作共享，或单击“取消”不启用工作共享并返回项目。
将标高和轴网移动到工作集(M)：
共享标高和轴网
将剩余图元移动到工作集(R)：
S-链接模型
确定
取消
主模型
工作集
名称
可编辑
所有者
已打开
S-链接模型
共享标高和轴网
XIANG.HUA
帮助(H)

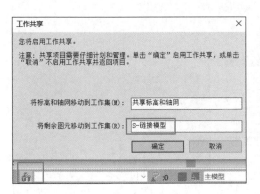

图 1-38

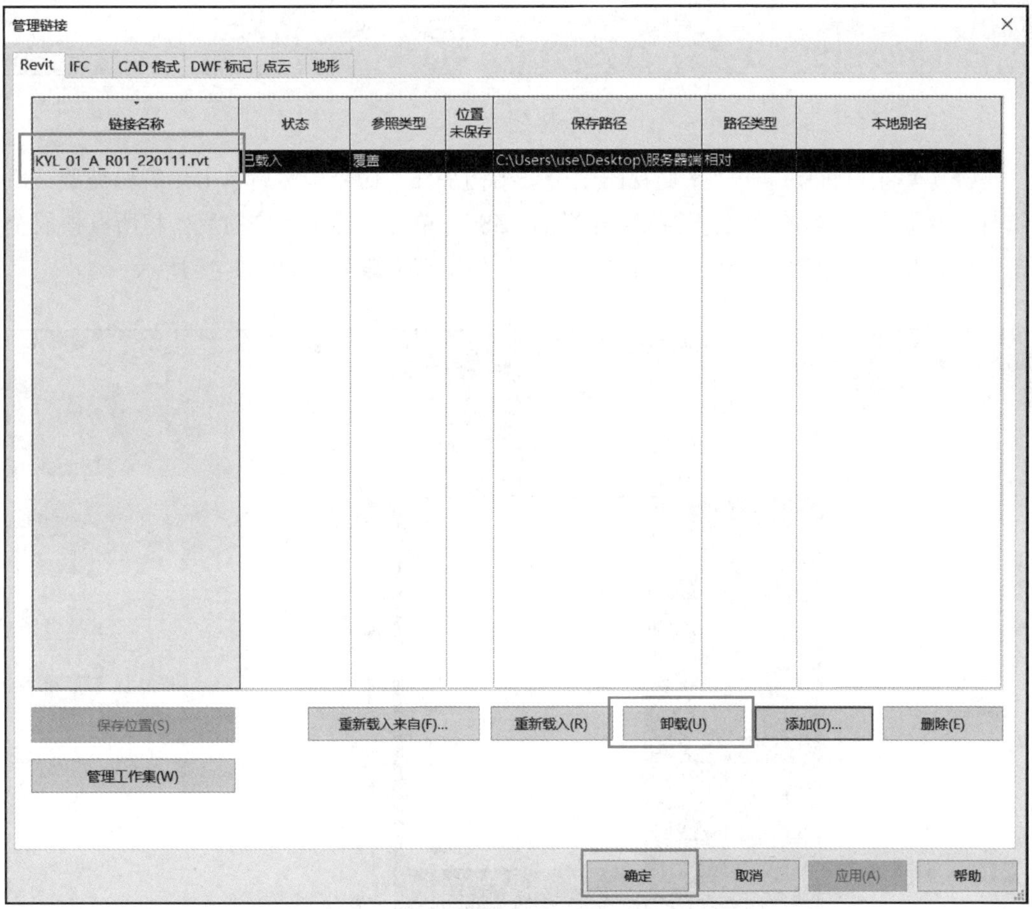

管理链接
Revit
IFC
CAD 格式
DWF 标记
点云
地形
链接名称
状态
参照类型
位置未保存
保存路径
路径类型
本地别名
KYL_01_A_R01_220111.rvt
已载入
覆盖
C:\Users\use\Desktop\服务器端
相对
保存位置(S)
重新载入来自(F)...
重新载入(R)
卸载(U)
添加(D)...
删除(E)
管理工作集(W)
确定
取消
应用(A)
帮助

图 1-39

（4）进入本地端文件夹中，将服务器端的中心模型复制到本地端文件夹（个人工作电脑中创建的文件夹）中，修改本地端模型名称为 KYL_01_S_LOC01_ZS_220111。打开软件，在“新建项目”中打开本地端模型，单击“关闭”按钮，从现在开始不能再修改中心模型，如图 1-40 所示。

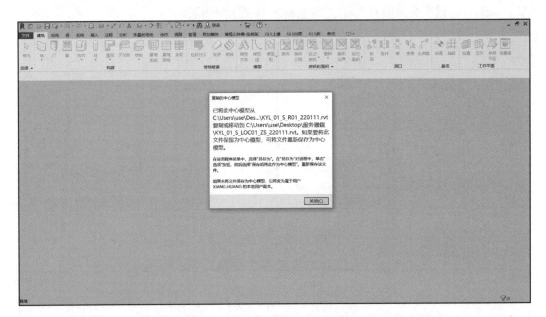

图 1-40

（5）单击"视图"→"平面视图"→"结构平面"命令，然后单击"编辑类型"后选择"复制"，将名称改为"个人工作平面 _ZS"。单击"确定"按钮后，将所有楼层全部选中，单击"确定"按钮，可将这些视图名称全部重命名，如图 1-41 所示。

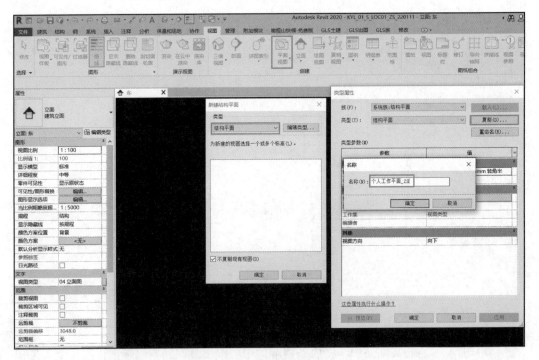

图 1-41

（6）单击功能区"工作集"按钮，新建各层的工作集，操作方法同建筑模型中"工作集"的创建,如图 1-42 所示。

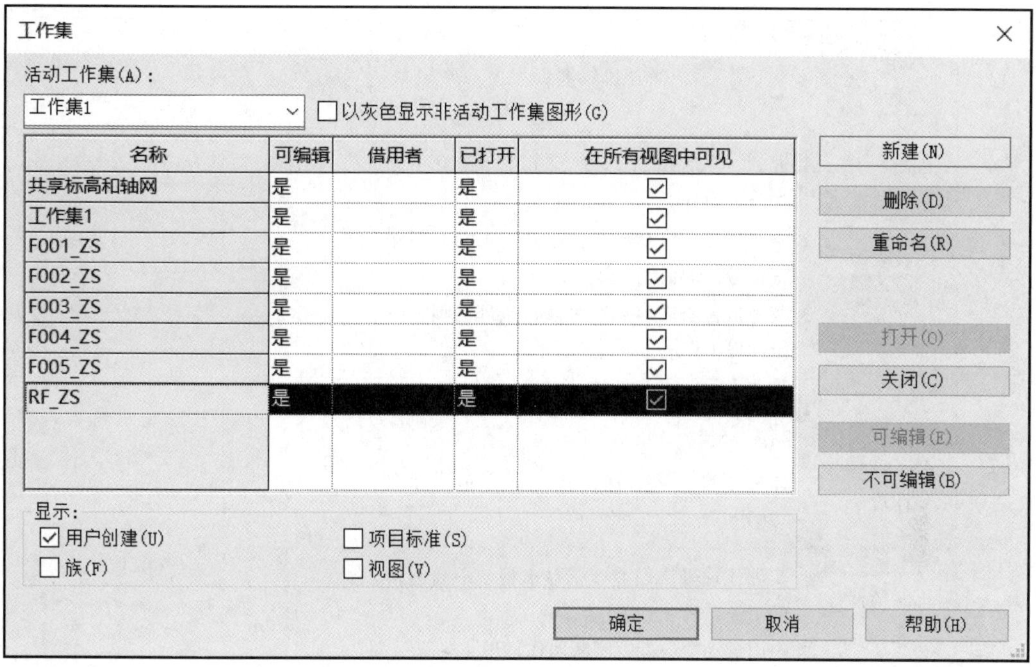

工作集					✕
活动工作集(A):					
工作集1 ▾		□ 以灰色显示非活动工作集图形(G)			

名称	可编辑	借用者	已打开	在所有视图中可见
共享标高和轴网	是		是	☑
工作集1	是		是	☑
F001_ZS	是		是	☑
F002_ZS	是		是	☑
F003_ZS	是		是	☑
F004_ZS	是		是	☑
F005_ZS	是		是	☑
RF_ZS	是		是	☑

新建(N)
删除(D)
重命名(R)

打开(O)
关闭(C)

可编辑(E)
不可编辑(B)

显示:
☑ 用户创建(U)   □ 项目标准(S)
□ 族(F)   □ 视图(V)

确定   取消   帮助(H)

图   1-42

任务评价

本任务基于 Revit 土建项目协作开展,考核采用过程性考核与结果性考核相结合的方式,强调课程内容考核与评价的整体性。具体考核内容包含综合表现、项目模型建立过程评价、工匠精神表现、任务答辩四方面。具体考核方式参见表 1-3 和表 1-4。

表 1-3   实训任务实施报告书

实训任务					
班级		姓名		学号	
任务实施报告					
任务实施过程:					
任务总结:					

表 1-4　Revit 2020 土建项目协作实训任务评价表

班级＿＿＿＿＿　　　　任课教师＿＿＿＿＿＿　　　　日期＿＿＿＿＿＿

序号	评价项目	评价标准	满分	评价			综合得分
				自评	互评	师评	
1	综合表现	1. 迟到、早退扣 2 分，旷课扣 5 分（此项只扣分不加分）； 2. 课堂学习态度积极、纪律好，主动参与课程思考，动手能力强（15 分）； 3. 实施报告书内容真实可靠、条理清晰、逻辑性强（5 分）	20				
2	项目模型建立过程评价	1. 正确使用 Revit 2020 软件进行项目协作（30 分）； 2. 建模精准度高、速度快，符合制图标准（20 分）	50				
3	工匠精神表现	1. 实训体现爱岗敬业、精益求精、不断创新的工匠精神（5 分）； 2. 组内活动参与度，团队协作意识（5 分）	10				
4	任务答辩	1. 解决实际问题的能力（10 分）； 2. 组内协调能力（10 分）	20				

学习笔记

项目2 结 构 柱

项目描述

柱是建筑物中垂直的主结构件，承托上方物件的重量。柱在工程结构中主要承受压力，有时也同时承受弯矩，常用来支承梁、桁架、楼板等。柱按截面形式分为方柱、圆柱、管柱、矩形柱、工字形柱、H 形柱、T 形柱、L 形柱、十字形柱、双肢柱、格构柱；按所用材料分为石柱、砖柱、砌块柱、木柱、钢柱、钢筋混凝土柱、劲性钢筋混凝土柱、钢管混凝土柱和各种组合柱等。本项目以江苏城乡建设职业学院科技研发楼工程为载体，以混凝土结构柱和矩形钢管柱为对象，以工程师的角度，剖析 Revit 在实际项目中的应用方法以及当前常规的结构柱创建与绘制方法。本项目内容突破常规的建模思路，以项目为切入点，采用不同的族进行结构柱的创建和布置。

项目实训目的

1. 通过本项目学习，结合实训项目图纸，提高学生熟练运用 Revit 2020 创建和编辑混凝土柱的能力。

2. 通过本项目学习，结合实训项目图纸，提高学生熟练运用 Revit 2020 创建和编辑矩形钢管柱的能力。

项目实施准备

1. 阅读工作任务，识读实训项目图纸，明确混凝土结构柱及矩形钢管柱的类型、混凝土强度等级、尺寸、标高、定位、属性等关键信息，熟悉不同柱在图纸中的布置位置，确保结构柱模型创建及布置的正确性。

2. 围绕不同的柱类型，结合项目图纸，熟悉 Revit 2020 软件自带族类型，确定是否创建项目族文件。

3. 结合工作任务分析结构柱中的难点和常见问题。

项目任务实施

任务 2.1　绘制混凝土结构柱

任务学习目标

（1）能运用正确的选项卡进行混凝土结构柱的定义。

（2）能正确识读项目图纸，运用 Revit 2020 绘制混凝土结构柱。

任务引入

Revit 2020 中有"建筑柱"和"结构柱"两个选项卡，在框架或剪力墙结构中用于支撑和承载荷载的柱在结构模型中采用结构柱进行创建，仅用于装饰和围护作用的柱在建筑模型中采用建筑柱进行创建。本项目柱均为结构柱，柱形式包括混凝土结构柱、钢管柱等，下面先结合项目介绍混凝土结构柱的创建与布置。

任务实施

1. 链接研发楼竖向构件平面布置及配筋图

进入"链接 CAD"对话框，勾选"仅当前视图"，"图层/标高"选择"可见"，"导入单位"选择"毫米"，"定位"选择"自动-原点到原点"，右下角"放置于"选择"研发楼 -1.150-1F"，其他设置选项按默认设置不调整，单击"打开"按钮导入图纸，如图 2-1 和图 2-2 所示。

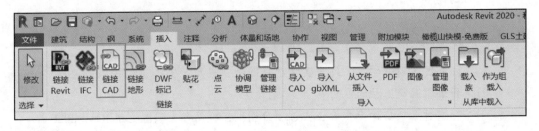

图　2-1

2. 混凝土结构柱绘制

（1）进入"柱底标高"结构平面，依次单击"结构"选项卡→"结构"面板→"柱"按钮，如图 2-3 所示。

（2）在"类型选择器"中指定结构柱类型。单击"编辑类型"按钮，进入"类型属性"对话框，单击"复制"按钮，复制一个新的矩形混凝土柱，按照"专业代号-尺寸-材质描述"的规则命名结构柱，项目中 KZ1 尺寸为 600×600，混凝土强度等级为 C30，可命名为 S-600×600-C30，修改柱"尺寸标注"，参数设置如图 2-4 所示。

微课：CAD 图纸处理　　微课：创建结构柱

图 2-2

图 2-3

图 2-4

（3）在左侧属性框中单击结构材质右边的三个小圆点，在"材质浏览器"界面中设置材质为"混凝土，现场浇注 -C30"，勾选"使用渲染外观"，参数设置如图 2-5 所示。

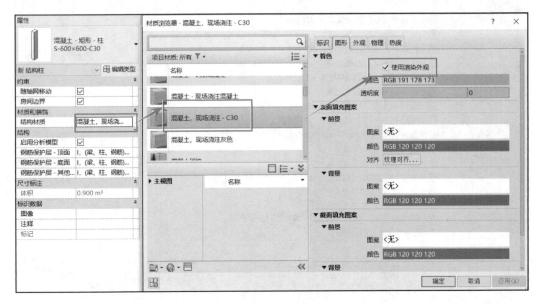

图　2-5

（4）选择"垂直柱"命令，布置时将深度改为高度，根据图纸及定位楼层修改柱高度至对应楼层标高，如图 2-6 所示。

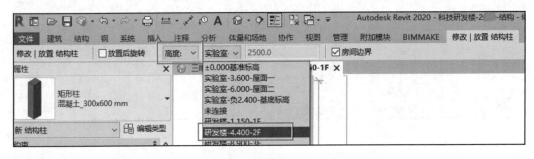

图　2-6

（5）如果柱的位置放偏了，可以使用"修改|放置 结构柱"面板下的"对齐"命令将柱边对齐，如图 2-7 所示。

图　2-7

（6）按照以上步骤完成其他混凝土柱的创建与布置，如图 2-8 所示。

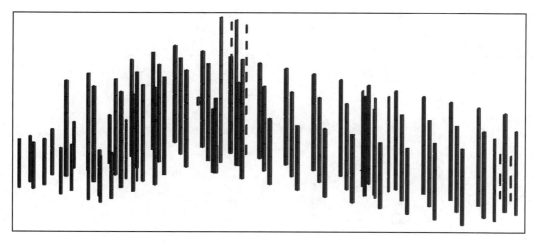

图 2-8

3. 绘制混凝土斜柱

Revit 中除了创建垂直于标高平面的结构柱外，还允许用户创建任意角度的结构柱，即倾斜结构柱。倾斜结构柱在较高的大型轮廓结构中较为常见。在使用结构柱工具时，将"放置"面板中的创建柱方式切换为"斜柱"，并在选项栏中设置"第一次单击"和"第二次单击"时生成的柱的所在标高位置，在视图中绘制即可生成斜结构柱，结构斜柱的形成方法可参考图 2-9。

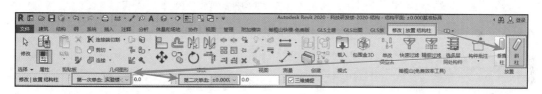

图 2-9

任务评价

本任务基于 BIM 混凝土结构柱工作过程开展，考核采用过程性考核与结果性考核相结合的方式，强调课程内容考核与评价的整体性。具体考核内容包含综合表现、项目模型建立过程评价、工匠精神表现、任务答辩四方面。具体考核方式参见表 2-1 和表 2-2。

表 2-1 实训任务实施报告书

实训任务				
班级		姓名		学号	
任务实施报告				
任务实施过程：				
任务总结：				

表 2-2　混凝土结构柱的创建与布置实训任务评价表

班级_____　　　　　任课教师_____　　　　　日期_____

序号	评价项目	评价标准	满分	评价			综合得分
				自评	互评	师评	
1	综合表现	1.迟到、早退扣 2 分，旷课扣 5 分（此项只扣分不加分）； 2.课堂学习态度积极、纪律好，主动参与课程思考，动手能力强（15 分）； 3.实施报告书内容真实可靠、条理清晰、逻辑性强（5 分）	20				
2	项目模型建立过程评价	1.正确使用 Revit 2020 软件完成钢筋混凝土结构柱的创建与布置（30 分）； 2.建模精准度高、速度快，符合制图标准（20 分）	50				
3	工匠精神表现	1.实训体现爱岗敬业、精益求精、不断创新的工匠精神（5 分）； 2.组内活动参与度，团队协作意识（5 分）	10				
4	任务答辩	1.解决实际问题的能力（10 分）； 2.组内协调能力及独立创建与布置构件的能力（10 分）	20				

任务 2.2　绘制钢管柱

任务学习目标

（1）能运用正确的选项卡进行钢管柱的定义。

（2）能正确识读项目图纸，运用 Revit 2020 绘制钢管柱。

任务引入

本项目中除混凝土结构柱外，在数字实验室框架柱平面布置图中还存在大量的钢管柱。任务 2.1 中已结合研发楼竖向构件平面布置及配筋图完成混凝土结构柱的创建与布置，下面结合项目继续介绍钢管柱的创建与布置。

任务实施

1. 链接数字实验室框架柱平面布置图

进入"链接 CAD"对话框，勾选"仅当前视图"，"图层 / 标高"选择"可见"，"导入单位"选择"毫米"，"定位"选择"自动 - 原点到原点"，右下角"放置于"选择"研发楼 -1.150-1F"，其他设置选项按默认设置不调整，单击"打开"按钮导入图纸，如图 2-10 和图 2-11 所示。

图　2-10

图　2-11

2. 钢柱绘制

（1）进入对应结构平面，单击"结构"选项卡"结构"面板中的"柱"按钮，如图 2-12 所示。

图　2-12

（2）在"类型选择器"中指定结构柱类型。单击"编辑类型"按钮，进入"类型属性"对话框，单击"复制"按钮复制一个新的矩形钢管柱，按照"专业代号 - 尺寸 - 材

质描述 - 钢柱编号"的规则命名结构钢柱，项目中 GKZ1 的尺寸为 450×450×20，材质为 Q345B，可命名为 S-450×450×20-Q345B-GKZ1，参数设置如图 2-13 所示。

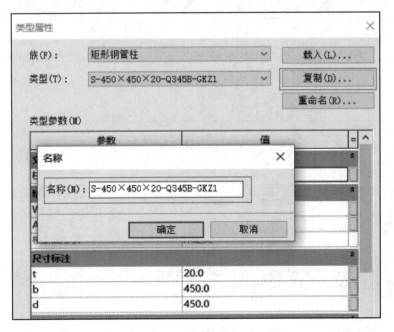

图 2-13

（3）在左侧属性框中单击结构材质右边的三个小圆点，在"材质浏览器"界面中设置材质为"金属 - 钢 Q345B"，勾选"使用渲染外观"，参数设置如图 2-14 所示。

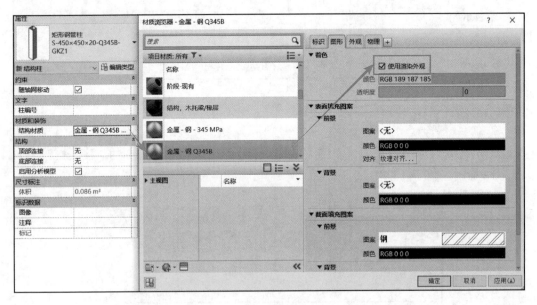

图 2-14

（4）选择垂直柱，将"深度"改为"高度"，如图 2-15 所示。

（5）结合项目图纸中的柱顶、柱底标高及已创建的项目结构标高，注意图中虚线范

围内柱顶标高为 4.440m，在左边属性框内要注意修改底部偏移及顶部偏移。属性设置
如图 2-16 所示。

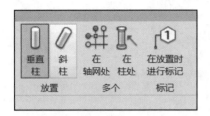

图 2-15

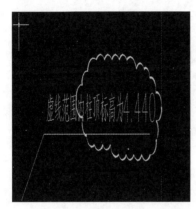

图 2-16

（6）按照以上步骤完成其他钢管柱的创建与布置，如图 2-17 所示。

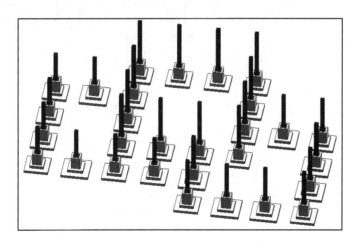

图 2-17

任务评价

本任务基于 BIM 结构钢管柱工作过程开展，考核采用过程性考核与结果性考核相
结合的方式，强调课程内容考核与评价的整体性。具体考核内容包含综合表现、项目模
型建立过程评价、工匠精神表现、任务答辩四方面。具体考核方式参见表 2-3 和表 2-4。

表 2-3　实训任务实施报告书

实训任务						
班级		姓名		学号		
任务实施报告						

任务实施过程：

任务总结：

表 2-4　钢管柱的创建与布置实训任务评价表

班级＿＿＿＿＿＿＿　　任课教师＿＿＿＿＿＿＿　　日期＿＿＿＿＿＿＿

序号	评价项目	评价标准	满分	评价			综合得分
				自评	互评	师评	
1	综合表现	1.迟到、早退扣2分，旷课扣5分（此项只扣分不加分）； 2.课堂学习态度积极、纪律好，主动参与课程思考，动手能力强（15分）； 3.实施报告书内容真实可靠、条理清晰、逻辑性强（5分）	20				
2	项目模型建立过程评价	1.正确使用 Revit 2020 软件完成钢管柱的创建与布置（30分）； 2.建模精准度高、速度快，符合制图标准（20分）	50				
3	工匠精神表现	1.实训体现爱岗敬业、精益求精、不断创新的工匠精神（5分）； 2.组内活动参与度，团队协作意识（5分）	10				
4	任务答辩	1.解决实际问题的能力（10分）； 2.组内协调能力及独立创建与布置构件的能力（10分）	20				

学习笔记

项目 3 结 构 墙

📋 项目描述

　　墙根据受力特点可以分为非承重墙和承重墙，前者主要起围护和分隔作用，如砌体填充墙；后者主要用于承受荷载，如钢筋混凝土墙（又称剪力墙）。在抗震设防区，水平荷载主要由水平地震作用产生，因此剪力墙有时也称为抗震墙。剪力墙按结构材料可以分为钢板剪力墙、钢筋混凝土剪力墙和配筋砌块剪力墙。其中以钢筋混凝土剪力墙最为常用。

　　Revit 软件中的墙体设计非常重要，它不仅是建筑空间的分隔构件，同时也是门窗、墙面饰体、管线、灯具、卫浴等的依附体。本项目以江苏城乡建设职业学院科技研发楼工程为载体，以钢筋混凝土墙、墙节点为对象，以工程师的角度，剖析 Revit 在实际项目中的应用方法以及当前常规结构墙的创建与绘制方法。本项目内容突破常规的建模思路，以项目为切入点，采用不同的族进行结构墙的创建和布置。

📝 项目实训目的

　　1. 通过本项目学习，结合实训项目图纸，提高学生熟练运用 Revit 2020创建和编辑现浇混凝土墙的能力。

　　2. 通过本项目学习，结合实训项目图纸，提高学生熟练运用 Revit 2020创建和编辑墙节点的能力。

📚 项目实施准备

　　1. 阅读工作任务，识读实训项目图纸，明确混凝土结构墙的类型、混凝土强度等级、尺寸、标高、定位、属性等关键信息，熟悉不同墙在图纸中的布置位置，确保结构墙模型创建及布置的正确性。

　　2. 围绕不同的结构墙类型，查看是否需要创建项目族文件。

　　3. 结合工作任务分析结构墙中的难点和常见问题。

🔧 项目任务实施

任务 3.1　绘制现浇混凝土墙

任务学习目标

（1）能运用正确的选项卡进行结构墙构件的定义。

（2）能正确识读项目图纸绘制结构墙。

任务引入

Revit 中结构墙工具用以创建囊括了"剪力""承重"或"结构"的墙。在使用"墙：建筑"工具时，Revit 假设放置的是隔墙，无论选择哪种墙类型，默认的"结构用途"值都是"非承重"。如果使用"结构墙"工具，并选择同一种墙类型，则默认的"结构用途"值为"承重"。在任一情况下，该值均为只读，但是可以在放置墙后修改该值。

本项目中剪力墙构件较少，主要分布在电梯井、负一层北侧及屋顶女儿墙等处。下面结合项目具体介绍结构墙的创建与布置。

任务实施

1. 链接研发楼竖向构件平面布置图

进入"链接 CAD"对话框，勾选"仅当前视图"选型，"图层/标高"选择"可见"，"导入单位"选择"毫米"，"定位"选择"自动-原点到原点"，右下角"放置于"选择"研发楼-负 1.900-负一层"，其他设置选项按默认设置不调整，单击"打开"按钮导入图纸，如图 3-1 和图 3-2 所示。

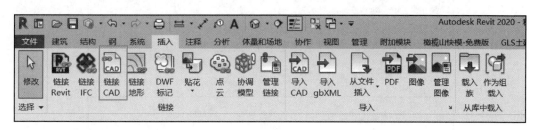

图　3-1

2. 混凝土墙绘制

（1）进入"研发楼-负 1.900-负一层"结构平面，单击"结构"选项卡"结构"面板墙下拉菜单的"墙：结构"，如图 3-3 所示。

（2）在"类型选择器"中指定结构墙类型。单击"编辑类型"按钮，进入"类型属性"对话框，单击"复制"按钮，复制一个新的结构墙，按照"专业代号-结构墙体-厚度-材质描述"的规则命名结构墙，项目中 DQ1 的厚度为 300mm，混凝土强度等级为 C30，可命名为 S-SWALL-H300-C30，参数设置如图 3-4 所示。

微课：创建结构墙

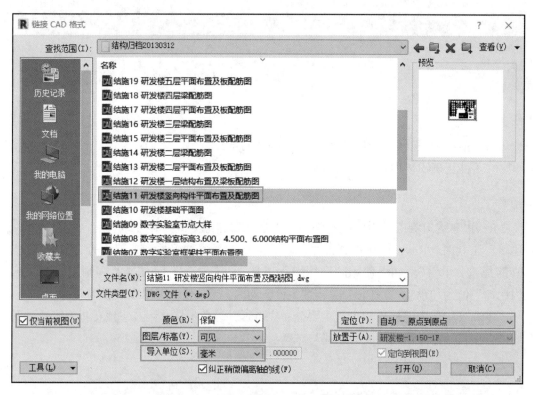

图　3-2

图　3-3

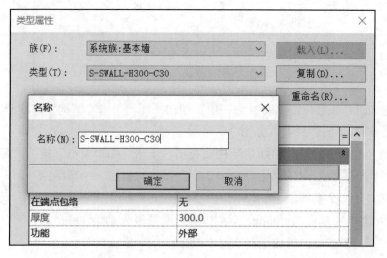

图　3-4

（3）在"类型属性"面板"类型参数"中找到"构造""结构"按钮，单击"编辑"，在"编辑部件"面板中找到材质，打开"＜按类别＞"中的"材质浏览器"，在"材质浏览器"界面中设置材质为"混凝土，现场浇注-C30"，勾选"使用渲染外观"，参数设置如图 3-5 所示。

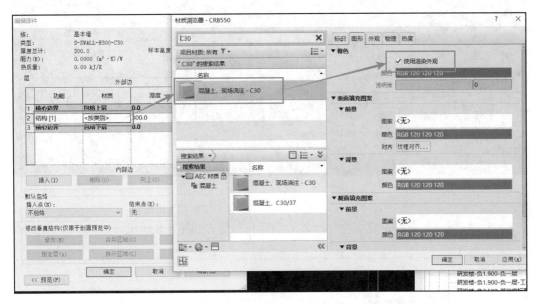

图　3-5

（4）依据所导入的 CAD 图纸，结合 8 轴线上剪力墙，用"线"命令绘制基本墙，在"修改|放置 结构墙"面板中设置剪力墙的限制条件"定位线"为"面层面：外部"。在"属性"面板中设置"底部约束"为"研发楼-负 2.500-基础底标高"，"顶部约束"为"直到标高：研发楼 -1.150-1F"，"底部偏移"修改为 200.0，"顶部偏移"修改为 -50。然后沿着墙边线绘制墙体，将墙体从一端拉至另一端，如图 3-6 和图 3-7 所示。

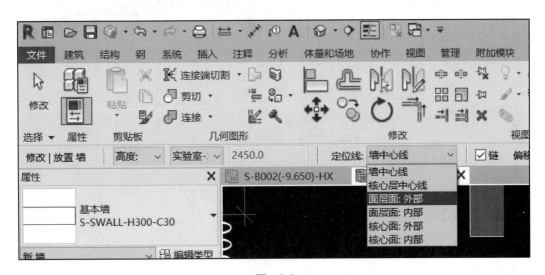

图　3-6

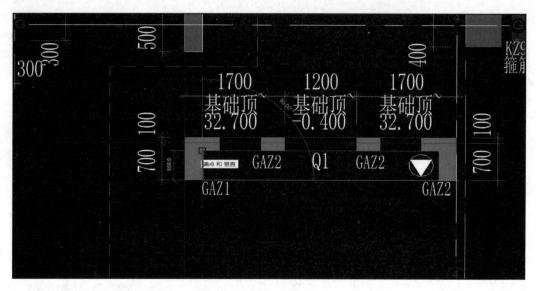

图 3-7

（5）按照以上步骤完成本项目墙体的创建与布置，如图 3-8 所示。

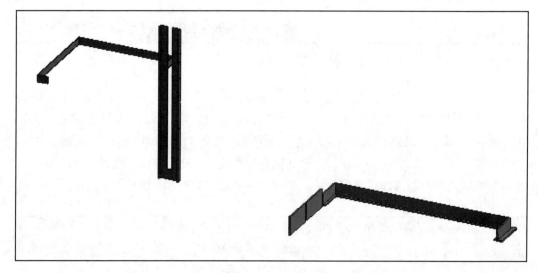

图 3-8

任务 3.2 绘制墙节点

任务学习目标

（1）能运用正确的选项卡进行结构墙节点的定义。

（2）能正确识读项目图纸绘制墙节点。

任务引入

Revit 中墙节点绘制方法与结构墙类似。墙节点的绘制主要用于项目中的一些节点大样的处理，比如本项目研发楼二层平面布置及板配筋图 13~14 轴区域节点 14，在进行节点的创建与布置时，可考虑采用墙节点来处理。下面结合项目具体介绍结构墙节点的创建与布置。

任务实施

1. 链接研发楼二层平面布置及板配筋图

进入"链接 CAD"对话框，勾选"仅当前视图"选型，"图层 / 标高"选择"可见"，"导入单位"选择"毫米"，"定位"选择"自动 - 原点到原点"，右下角"放置于"选择"研发楼 -4.400-2F"，其他设置选项按默认设置不调整，单击"打开"按钮导入图纸，如图 3-9 和图 3-10 所示。

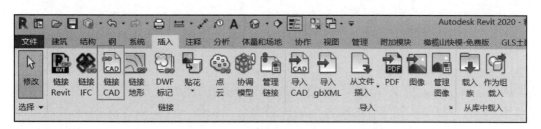

图　3-9

图　3-10

2. 墙节点绘制

（1）进入二层结构平面，单击"结构"选项卡"结构"面板中的墙下拉菜单的"墙：结构"，如图 3-11 所示。

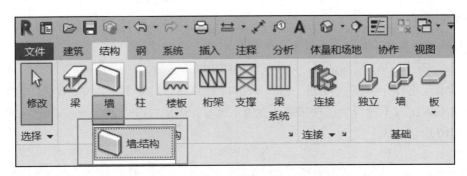

图 3-11

（2）在"类型选择器"中指定结构墙类型。单击"编辑类型"按钮，进入"类型属性"对话框，单击"复制"按钮，复制一个新的结构墙，按照"专业代号 - 结构墙体 - 厚度 - 材质描述 - 节点构造"的规则命名结构墙，项目中节点 14 处墙的厚度为 100mm，混凝土强度等级为 C30，可命名为 S-SWALL-H100-C30-JD，参数设置如图 3-12 所示。

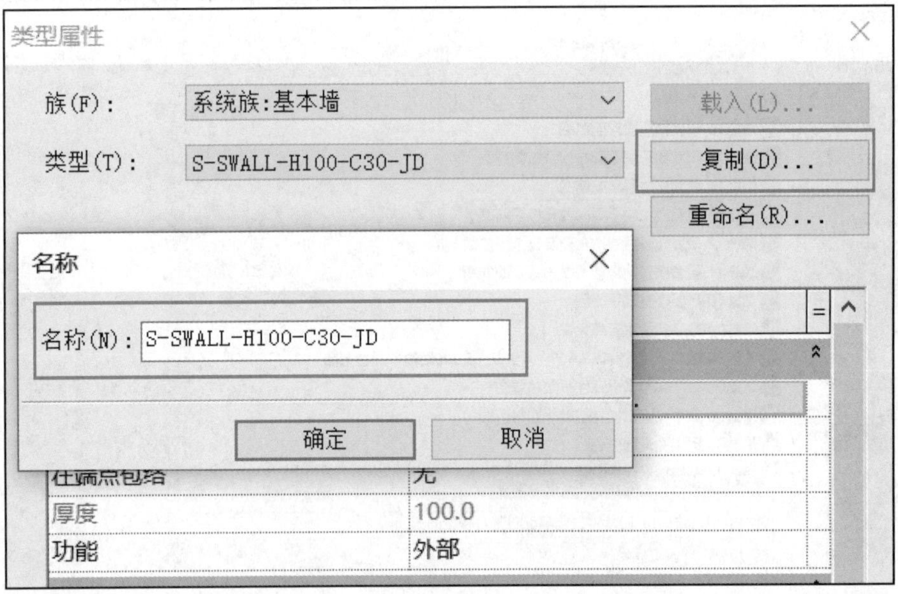

图 3-12

（3）命名结束后，单击"类型属性"面板"构造结构"选项中的"编辑"按钮，在材质一栏单击右边的三个小圆点，在"材质浏览器"界面中设置材质为"混凝土，现场浇注 -C30"，勾选"使用渲染外观"，参数设置如图 3-13 所示。

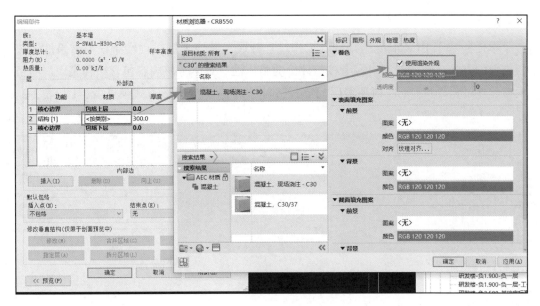

图　3-13

（4）结合图纸节点 14 的大样绘制墙节点，注意它的标高、位置及尺寸，绘制时可修改"定位线"为"面层面：外部"，沿着图示右边箭头绘制一圈，完成墙节点 14 的绘制。如图 3-14 所示，其他墙节点可参考此做法。

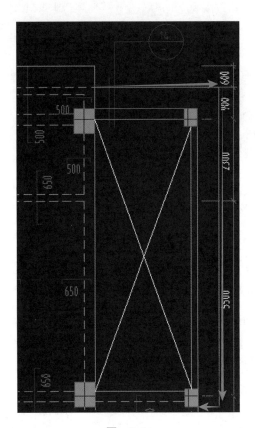

图　3-14

任务评价

本任务基于 BIM 混凝土结构墙工作过程开展，考核采用过程性考核与结果性考核相结合的方式，强调课程内容考核与评价的整体性。具体考核内容包含综合表现、项目模型建立过程评价、工匠精神表现、任务答辩四方面。具体考核方式参见表 3-1 和表 3-2。

表 3-1　实训任务实施报告书

实训任务					
班级		姓名		学号	
任务实施报告					
任务实施过程： 任务总结：					

表 3-2　混凝土结构墙的创建与布置实训任务评价表

班级_____　　任课教师_____　　日期_____

序号	评价项目	评价标准	满分	评价			综合得分
				自评	互评	师评	
1	综合表现	1. 迟到、早退扣 2 分，旷课扣 5 分（此项只扣分不加分）； 2. 课堂学习态度积极、纪律好，主动参与课程思考，动手能力强（15 分）； 3. 实施报告书内容真实可靠、条理清晰、逻辑性强（5 分）	20				
2	项目模型建立过程评价	1. 正确使用 Revit 2020 软件完成钢混凝土结构墙的创建与布置（30 分）； 2. 建模精准度高、速度快，符合制图标准（20 分）	50				
3	工匠精神表现	1. 实训体现爱岗敬业、精益求精、不断创新的工匠精神（5 分）； 2. 组内活动参与度，团队协作意识（5 分）	10				
4	任务答辩	1. 解决实际问题的能力（10 分）； 2. 组内协调能力及独立创建与布置构件的能力（10 分）	20				

学习笔记

项目4 结 构 梁

项目描述

梁是建筑结构中最常见的构件之一。它是承受竖向荷载，以受弯为主的构件。在框架结构中，梁把各个方向的柱连接成整体；在剪力墙结构中，洞口上方的连梁，将两个墙肢连接起来，使之共同工作。梁作为抗震设计的重要构件，起着第一道防线的作用。在框架-剪力墙结构中，梁既有框架结构中的作用，同时也有剪力墙结构中的作用。本项目以江苏城乡建设职业学院科技研发楼工程为载体，围绕结构梁中的混凝土梁与钢梁，以工程师的角度，剖析 Revit 在实际项目中的应用方法以及当前常规的结构梁创建与绘制方法。本项目内容突破常规的建模思路，以项目为切入点，采用不同的族进行结构梁的创建和布置。

项目实训目的

1. 通过本项目学习，结合实训项目图纸，提高学生熟练运用 Revit 2020 创建和编辑混凝土梁的能力。

2. 通过本项目学习，结合实训项目图纸，提高学生熟练运用 Revit 2020 创建和编辑钢梁的能力。

项目实施准备

1. 阅读工作任务，识读实训项目图纸，明确结构梁的类型、混凝土强度等级、尺寸、标高、定位、属性等关键信息，熟悉不同梁在图纸中的布置位置，确保结构梁模型创建及布置的正确性。

2. 围绕不同的梁类型，创建项目族文件。

3. 结合工作任务分析结构梁中的难点和常见问题。

项目任务实施

任务 4.1 绘制混凝土结构梁

任务学习目标

（1）能运用正确的选项卡进行混凝土结构梁的定义。

（2）能正确识读项目图纸，运用 Revit 2020 绘制混凝土结构梁。

任务引入

Revit 2020 中有梁、桁架、支撑和梁系统四种创建结构梁的方式，如图 4-1 所示。Revit 2020 中梁主要用于创建单根梁、连续梁或沿轴线分布的梁，而支撑在钢结构项目中出现较多，在体系中主要用于保证总体结构和单个构件的稳定性、传递水平作用至基础和辅助安装工程等，两者创建梁的方式与墙类似；Revit 2020 中桁架的创建通过载入与图纸对应的"桁架"族类型，设置族类型属性中的上弦杆、下弦杆、腹杆等，从而生成复杂的桁架图元；Revit 2020 中"梁系统"则可创建包含一系列平行放置的梁结构框架图元。

微课：创建结构梁

图 4-1

结合实训项目图纸，本工程在科技研发楼区域梁为钢筋混凝土框架梁，下面本书将以研发楼二层梁配筋图为例，采用"结构"选项卡"结构"面板中的"梁"按钮进行项目钢筋混凝土结构梁的创建。

任务实施

1. 楼层梁

1）链接研发楼二层梁配筋图

进入"链接 CAD"对话框，勾选"仅当前视图"，"图层 / 标高"选择"可见"，"导入单位"选择"毫米"，"定位"选择"自动 - 原点到原点"，右下角"放置于"选择"研发楼 -4.400-2F"，其他设置选项按默认设置不调整，单击"打开"按钮导入图纸，如图 4-2 和图 4-3 所示。

图 4-2

图 4-3

2）混凝土结构梁绘制

（1）进入二层结构平面，单击"结构"选项卡"结构"面板中的"梁"按钮，在"类型选择器"中指定结构梁类型。进入梁放置状态，软件自动跳转至"修改|放置 梁"选项卡，如图4-4所示。

图 4-4

（2）单击"属性"面板中的"编辑类型"按钮，进入"类型属性"对话框，单击"载入"按钮，按照特定路径顺序打开族库中的"结构"→"框架"→"混凝土"，在其中找到"混凝土 - 矩形梁"，如图 4-5 和图 4-6 所示。单击"打开"载入族。

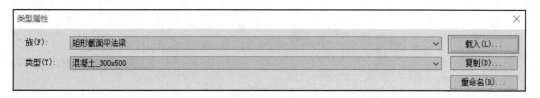

图　4-5

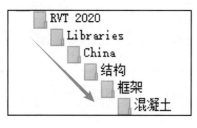

图　4-6

（3）单击"复制"按钮，复制一个新的矩形混凝土梁，按照"专业代号 - 尺寸 - 材质描述"的规则命名结构梁，项目中 A-KL1(4) 的尺寸为 300×600，混凝土强度等级为 C30，可命名为 S-300×600-C30，参数设置如图 4-7 所示。

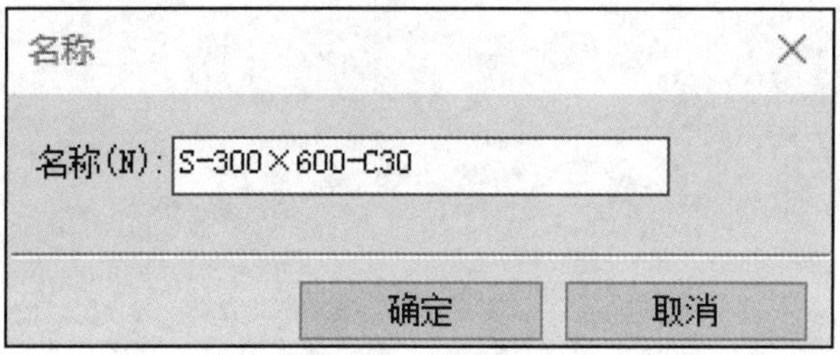

图　4-7

（4）在左侧属性框中单击结构材质右边的三个小圆点，在"材质浏览器"界面中设置材质为"混凝土，现场浇注 -C30"，勾选"使用渲染外观"，参数设置如图 4-8 所示。

（5）绘制梁时，使用 BM 快捷命令，注意"放置平面"为"研发楼 -4.400-2F"，根据设计要求在相应位置绘制框架梁，捕捉框架梁的起始点，拖动鼠标指针，捕捉框梁的终止点。在绘制梁时也可在属性框中将 Y 轴对正改为左，沿着图中蓝线将梁从一端拉到另一端，如图所示。绘制连续梁时可以直接从起始点画到终止点，软件会自动连接框架梁与框柱，从而形成一个框架整体。操作如图 4-9 所示。

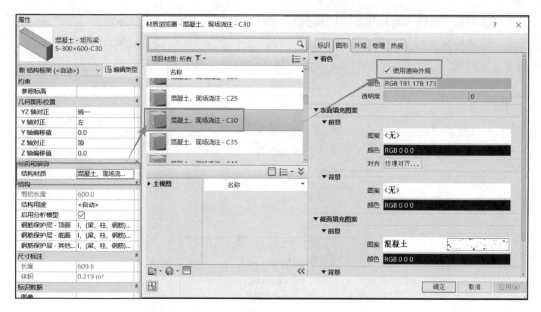

图 4-8

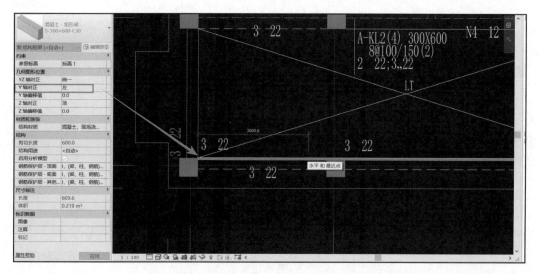

图 4-9

（6）如遇到梁原位标注中发生升降标高的情况，例如 C 轴交 3 轴间 A-KL4(4) 第二跨标高上升 0.05m，在 Revit 2020 软件中可选中此梁，在左侧属性栏中修改 Z 轴偏移值，输入要升降的数据即可。属性设置如图 4-10 所示。

（7）画完图中框出的西出口雨棚梁夹层后要注意移动这些梁的位置，全选后以圆圈圈出的端点为基点移动到左边相应的位置，如图 4-11 所示。

（8）按照以上方法完成梁的绘制，如图 4-12 所示。

2. 屋面斜梁

在做项目过程中，一些特殊的场景中，有时候梁并不是平放的，比如本项目科技研发楼区域屋顶为坡屋面，除普通水平梁以外，在区域内随屋面坡度还存在大量的斜梁。在 Revit 2020 中斜梁的创建方法有多种，下面以本项目科技研发楼坡屋面梁为例，按照不同的方法介绍斜梁创建与布置，本书主要为大家介绍常用的两种创建斜梁的方法。

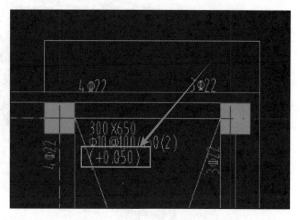

图　4-10

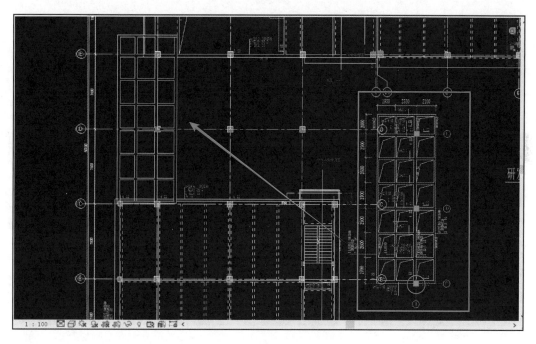

图　4-11

（1）通过项目图纸给出的高程点，设置梁的起点与终点来绘制。首先单击"结构"选项卡→"梁"命令→选中梁类型；修改左边"属性栏"的参照标高为"研发楼 -19.800- 屋顶 - 工作平面"（按实际情况设置），选择直线绘制命令，绘制一根水平梁，然后修改梁起点和终点的偏移高度，完成斜梁的布置，如图 4-13 和图 4-14所示。

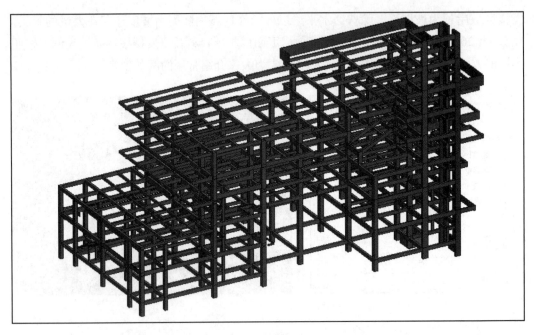

图 4-12

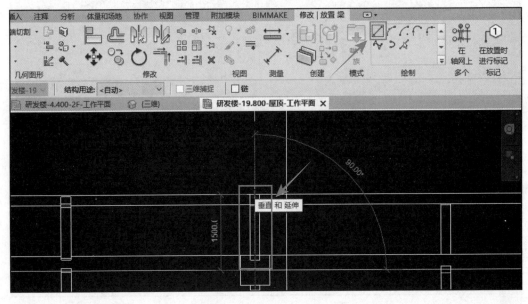

图 4-13

（2）通过梁的"三维捕捉"进行绘制。首先选中"梁"命令，并勾选"三维捕捉"。使用"直线"命令，通过已绘制的两根柱，选中柱中心，依次绘制斜梁（柱子高度不同）。这样便通过"三维捕捉"绘制出所需的斜梁，如图 4-15 所示。

> **注意**
>
> 采用"三维捕捉"进行斜梁的创建与布置需要有不同高度的柱作为捕捉对象，若无捕捉对象，无法进行斜梁创建。

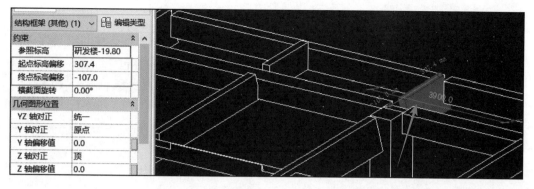

图　4-14

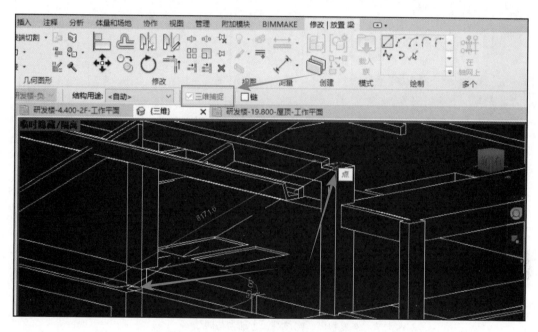

图　4-15

（3）按照以上方法完成屋面斜梁的绘制，如图 4-16 所示。

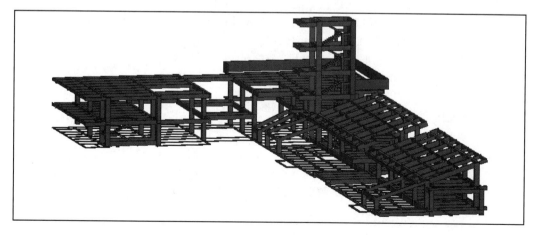

图　4-16

任务评价

本任务基于 BIM 混凝土结构梁工作过程开展，考核采用过程性考核与结果性考核相结合的方式，强调课程内容考核与评价的整体性。具体考核内容包含综合表现、项目模型建立过程评价、工匠精神表现、任务答辩四方面。具体考核方式参见表 4-1 和表 4-2。

表 4-1 实训任务实施报告书

实训任务					
班级		姓名		学号	
任务实施报告					
任务实施过程： 任务总结：					

表 4-2 混凝土结构梁的创建与布置实训任务评价表

班级＿＿＿＿＿＿＿ 任课教师＿＿＿＿＿＿＿ 日期＿＿＿＿＿＿＿

序号	评价项目	评价标准	满分	评价			综合得分
				自评	互评	师评	
1	综合表现	1. 迟到、早退扣 2 分，旷课扣 5 分（此项只扣分不加分）； 2. 课堂学习态度积极、纪律好，主动参与课程思考，动手能力强（15 分）； 3. 实施报告书内容真实可靠、条理清晰、逻辑性强（5 分）	20				
2	项目模型建立过程评价	1. 正确使用 Revit 2020 软件完成钢筋混凝土结构梁的创建与布置（30 分）； 2. 建模精准度高、速度快，符合制图标准（20 分）	50				
3	工匠精神表现	1. 实训体现爱岗敬业、精益求精、不断创新的工匠精神（5 分）； 2. 组内活动参与度，团队协作意识（5 分）	10				
4	任务答辩	1. 解决实际问题的能力（10 分）； 2. 组内协调能力及独立创建与布置构件的能力（10 分）	20				

任务 4.2　绘 制 钢 梁

任务学习目标

（1）能运用正确的选项卡进行钢梁的定义。

（2）能正确识读项目图纸，运用 Revit 2020 绘制钢梁。

任务引入

本工程数字实验室区域为钢结构建筑，钢柱上方支撑楼板及屋面荷载的为型钢梁。下面本书将以数字实验室结构平面布置图为例，采用"结构"选项卡"结构"面板中的"梁"按钮进行项目钢梁的创建。

任务实施

1. 链接数字实验室标高 3.600、4.500、6.000 结构平面布置图

进入"链接 CAD"对话框，勾选"仅当前视图"，"图层/标高"选择"可见"，"导入单位"选择"毫米"，"定位"选择"自动 - 原点到原点"，右下角"放置于"选择"实验室 -3.600- 屋面一"，其他设置选项按默认设置不调整，单击"打开"按钮导入图纸，如图 4-17 和图 4-18 所示。

图　4-17

2. 钢梁绘制

（1）进入对应结构平面，依次单击"结构"选项卡"结构"面板中的"梁"按钮，如图 4-19 所示。

（2）在"类型选择器"中指定结构梁类型。单击"编辑类型"按钮，进入"类型属性"对话框，单击"复制"按钮，复制一个新的 H 型焊接钢梁，按照"专业代号 - 尺寸 - 材质描述 - 钢梁"的规则命名结构钢梁，项目中 GL1 的尺寸为 $294 \times 200 \times 8 \times 12$，材质为 Q345B，可命名编号为 S-294X200X8X12-Q345B-GL1，参数设置如图 4-20 所示。

（3）在左侧属性框中单击结构材质右边的三个小圆点，在"材质浏览器"界面中设置材质为"金属 - 钢 Q345B"，勾选"使用渲染外观"，参数设置如图 4-21 所示。

图 4-18

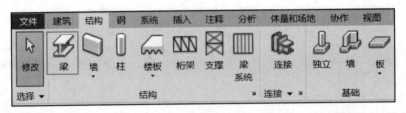

图 4-19

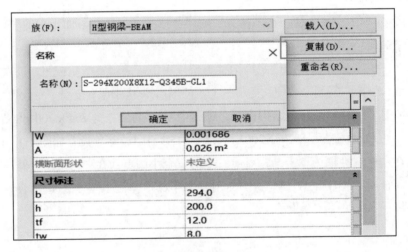

图 4-20

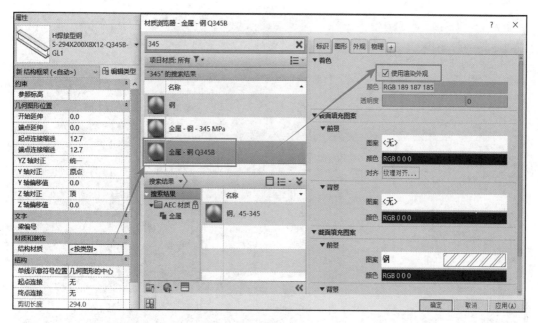

图　4-21

（4）绘制钢梁时直接沿着线从一端拉至另一端，注意遇柱要断开。绘制方法如图 4-22 所示。

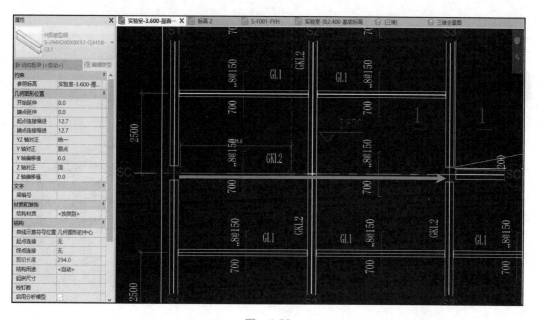

图　4-22

（5）根据 1-1 大样可知钢梁位于 120mm 厚的楼板之下，上一步画完后要注意在属性框中将钢梁往下偏移 120，属性设置如图 4-23 所示。

（6）按照上述方法，依次完成其他钢梁的创建与布置，如图 4-24 和图 4-25 所示。

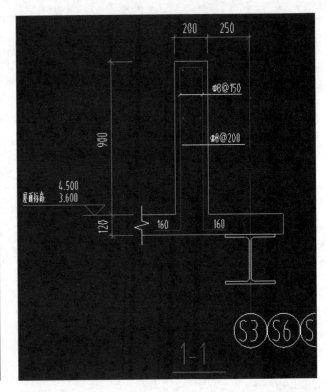

属性	✕
	H焊接型钢 S-294X200X8X12-Q345B- GL1
结构框架 (其他) (1)	⌄ 📝 编辑类型
约束	
参照标高	实验室-3.600-屋...
工作平面	标高：实验室-3.6...
起点标高偏移	0.0
终点标高偏移	0.0
方向	标准
横截面旋转	0.00°
几何图形位置	
开始延伸	0.0
端点延伸	0.0
起点连接缩进	12.7
端点连接缩进	12.7
YZ 轴对正	统一
Y 轴对正	原点
Y 轴偏移值	0.0
Z 轴对正	顶
Z 轴偏移值	-120.0

图 4-23

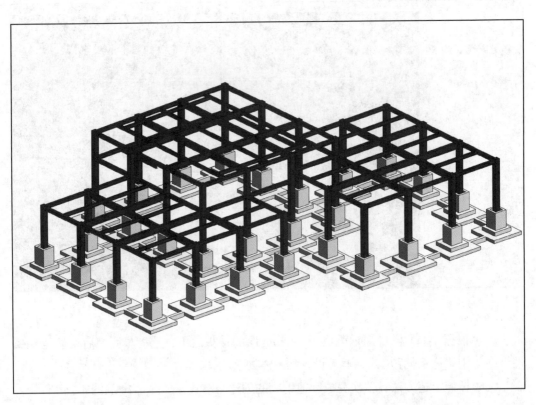

图 4-24

图　4-25

任务评价

本任务基于 BIM 钢梁工作过程开展，考核采用过程性考核与结果性考核相结合的方式，强调课程内容考核与评价的整体性。具体考核内容包含综合表现、项目模型建立过程评价、工匠精神表现、任务答辩四方面。具体考核方式参见表 4-3 和表 4-4。

表 4-3　实训任务实施报告书

实训任务					
班级		姓名		学号	
任务实施报告					
任务实施过程： 任务总结： 					

表 4-4　钢梁的创建与布置实训任务评价表

班级＿＿＿＿＿＿　　　任课教师＿＿＿＿＿＿　　　日期＿＿＿＿＿＿

序号	评价项目	评价标准	满分	评价			综合得分
				自评	互评	师评	
1	综合表现	1.迟到、早退扣2分，旷课扣5分（此项只扣分不加分）； 2.课堂学习态度积极、纪律好，主动参与课程思考，动手能力强（15分）； 3.实施报告书内容真实可靠、条理清晰、逻辑性强（5分）	20				
2	项目模型建立过程评价	1.正确使用 Revit 2020 软件完成钢梁的创建与布置（30分）； 2.建模精准度高、速度快，符合制图标准（20分）	50				
3	工匠精神表现	1.实训体现爱岗敬业、精益求精、不断创新的工匠精神（5分）； 2.组内活动参与度，团队协作意识（5分）	10				
4	任务答辩	1.解决实际问题的能力（10分）； 2.组内协调能力及独立创建与布置构件的能力（10分）	20				

学习笔记

项目 5 结 构 板

项目描述

板是建筑物垂直方向的分隔构件，其将建筑物垂直方向分隔为若干个自然层，并在其中起着承重和传力给梁、柱或墙的作用。按其施工方法不同，可分为现浇式、装配式和装配整体式三种。本项目以江苏城乡建设职业学院科技研发楼工程为载体，围绕项目中的现浇混凝土结构板，以工程师的角度，剖析 Revit 在实际项目中的应用方法以及当前常规的结构板创建与绘制方法。本项目内容突破常规的建模思路，以项目为切入点，采用不同的族进行结构板的创建和布置。

项目实训目的

1. 通过本项目学习，结合实训项目图纸，提高学生熟练运用 Revit 2020 创建和编辑混凝土结构楼、屋面板的能力。

2. 通过本项目学习，结合实训项目图纸，提高学生熟练运用 Revit 2020 创建和编辑混凝土后浇板的能力。

项目实施准备

1. 阅读工作任务，识读实训项目图纸，明确结构板的类型、混凝土强度等级、尺寸、标高、定位、属性等关键信息，熟悉不同板在图纸中的布置位置，确保结构板模型创建及布置的正确性。

2. 围绕不同的板类型，创建项目族文件。

3. 结合工作任务分析结构板中的难点和常见问题。

项目任务实施

任务 5.1 绘制楼、屋面板

任务学习目标

（1）能运用正确的选项卡进行结构楼、屋面板构件的定义。

（2）能正确识读项目图纸绘制结构楼、屋面板。

任务引入

Revit 2020 可通过拾取墙或使用绘制工具定义楼板的边界来创建结构楼板。通过与创建楼板时所用工具类似的一组工具，向建筑模型中添加结构楼板。此功能包括创建和编辑楼板边、加厚板、托板或坡道，以及结构楼板类型的用户创建。本项目图纸中楼板主要采用钢筋混凝土楼板，其布置形式有水平布置和斜向布置两种。通过拾取墙或使用"线"工具为楼板边绘制线创建结构楼板。下面以钢筋混凝土楼层板、屋面板为切入点，采用不同的创建方法进行结构楼层板的创建和布置。

微课：创建结构板 - 楼层水平板

任务实施

1. 绘制楼层板

1）链接研发楼二层平面布置及板配筋图

进入"链接 CAD"对话框，勾选"仅当前视图"，"图层/标高"选择"可见"，"导入单位"选择"毫米"，"定位"选择"自动 - 原点到原点"，右下角"放置于"选择"研发楼 -4.400-2F"，其他设置选项按默认设置不调整，单击"打开"按钮导入图纸，如图 5-1 和图 5-2 所示。

图 5-1

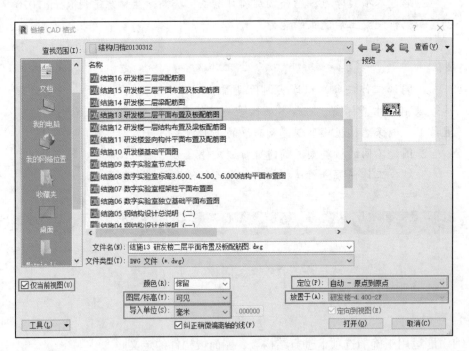

图 5-2

2）水平楼层板的绘制

（1）进入二层结构平面，单击"结构"选项卡"结构"面板中的楼板下拉菜单的"楼板：结构"，如图5-3所示。

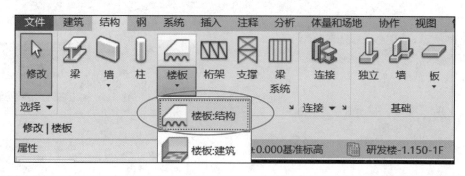

图 5-3

（2）在"类型选择器"中指定结构板类型。单击"编辑类型"按钮，进入"类型属性"对话框，单击"复制"按钮，复制一个新的结构板，按照"专业代号-结构板-厚度-材质描述"的规则命名结构板，项目中板的混凝土强度等级为C30，120厚的板可命名为S-SLAB-H120-C30，参数设置如图5-4所示。

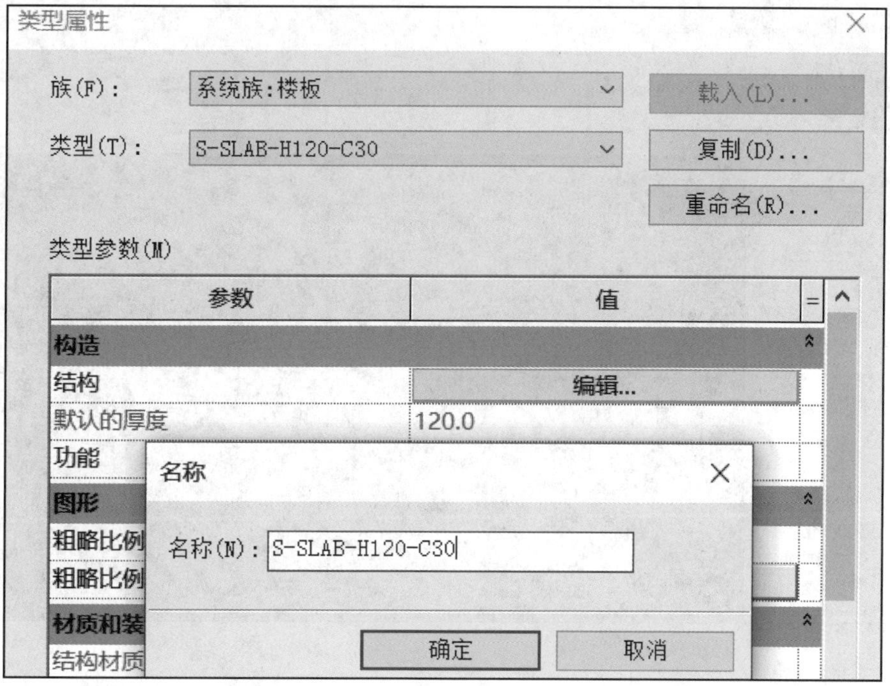

图 5-4

（3）命名结束后，在"类型属性"面板中"构造结构"里面单击"编辑"，在材质一栏单击右边的三个小圆点，在"材质浏览器"界面中设置材质为"混凝土，现场浇注-C30"，勾选"使用渲染外观"，参数设置如图5-5所示。

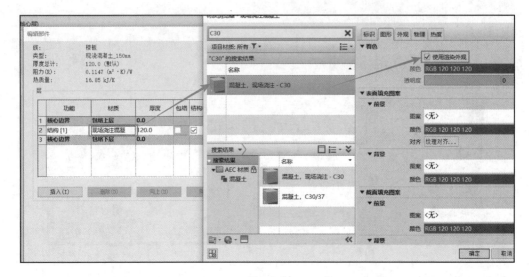

图 5-5

（4）画楼板时可以用最常用的"直线""矩形""拾取线"等多种不同的方式绘制板的边线，使其闭合。注意，若画的板与相邻板的板厚不一样，板边线应画在梁中间，如图 5-6 框出的线所示。

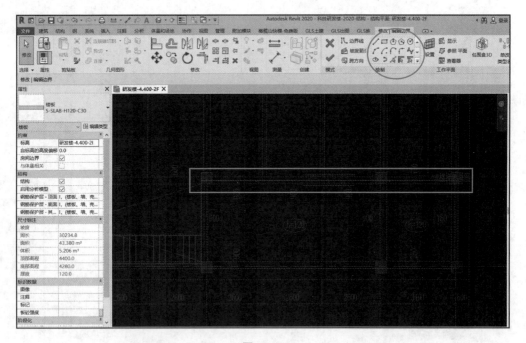

图 5-6

（5）绘制楼层板时，如遇到板内开洞，在闭合的框内再绘制一个闭合的洞口形状即可形成洞口。绘制方法如图 5-7 所示。

2. 绘制屋面板

1）链接研发楼屋面平面布置及板配筋图

链接研发楼屋面平面布置及板配筋图，操作方法同其他楼层板、屋面板。

图 5-7

2）屋面斜板的绘制

（1）进入"研发楼 -19.800- 屋顶"，单击"结构"选项卡"结构"面板中楼板下拉菜单的"楼板：结构"，如图 5-8 所示。

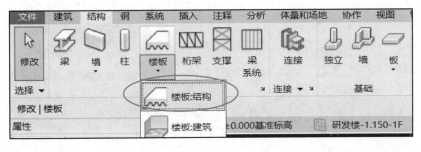

微课：创建结构
板 - 斜板

图 5-8

（2）在"类型选择器"中指定结构板类型。单击"编辑类型"按钮，进入"类型属性"对话框，单击"复制"按钮，复制一个新的结构板，按照"专业代号 - 结构板 - 厚度 - 材质描述"的规则命名结构板，项目中板的混凝土强度等级为 C30，120 厚的板可命名为 S-SLAB-H120-C30，参数设置如图 5-9 所示。

（3）命名结束后在"类型属性"面板中"构造结构"里面单击"编辑"，在材质一栏单击右边的三个小圆点，在"材质浏览器"界面中设置材质为"混凝土，现场浇注 -C30"，勾选"使用渲染外观"，参数设置如图 5-10 所示。

（4）有两种方法绘制屋顶斜板。

① 使用"修改子图元"命令，首先沿着板边线绘制板，切记不可在板内直接使用封闭的轮廓线开洞，使用"修改子图元"命令只可以单独使用楼板剪切洞口命令来创建板内洞口。具体操作如图 5-11 和图 5-12 所示。

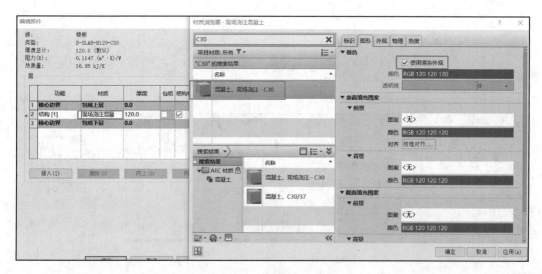

图　5-9

图　5-10

图　5-11

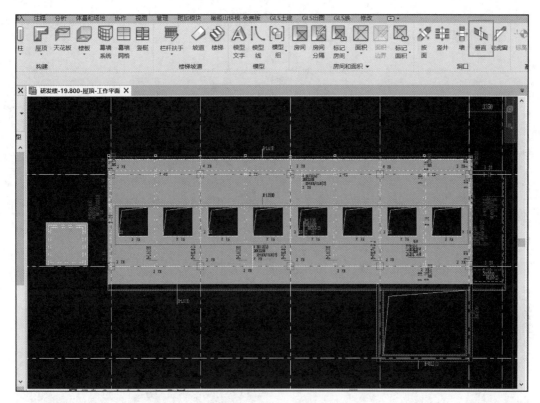

图 5-12

创建完楼板后在三维中单击楼板选择"修改子图元"命令，出现四个需要用到的小点，对照图纸，单击四个小点分别输入屋面标高数值，即可完成屋顶斜板的绘制。操作方法如图 5-13 和图 5-14 所示。

② 用"坡度箭头"命令。如图 5-15 所示，首先沿着板边线绘制板，用"坡度箭头"命令的方法可以直接使用封闭的轮廓在板内开洞，随后单击坡度箭头从板内一端画至另一端，画完后单击所画的箭头在左边属性栏中直接修改数值即可。

3. 绘制节点构造

（1）进入二层结构平面，单击"结构"选项卡"结构"面板中的楼板下拉菜单的"楼板：结构"，如图 5-16 所示。

（2）在"类型选择器"中指定结构板类型。单击"编辑类型"按钮，进入"类型属性"对话框，单击"复制"按钮，复制一个新的结构板，按照"专业代号 - 结构板 - 厚度 - 材质描述 - 节点构造"的规则命名结构板，项目中板节点的混凝土强度等级为 C30，120 厚的板可命名为 S-SLAB-H120-C30-JD，参数设置如图 5-17 所示。

（3）命名结束后，单击"类型属性"面板"构造结构"中的"编辑"，在材质一栏单击右边的三个小圆点，在"材质浏览器"界面中设置材质为"混凝土，现场浇注 -C30"，勾选"使用渲染外观"，参数设置如图 5-18 所示。

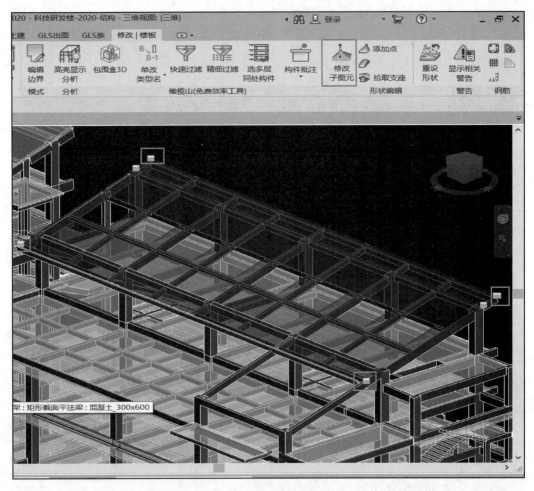

图 5-13

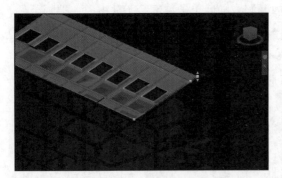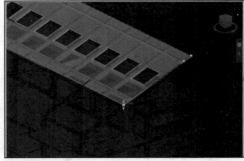

图 5-14

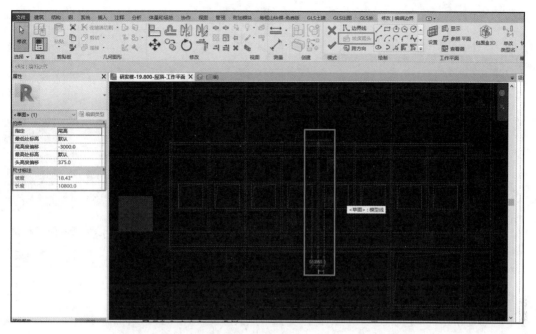

图 5-15

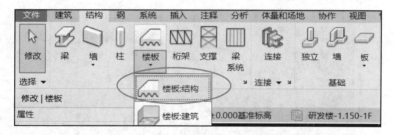

图 5-16

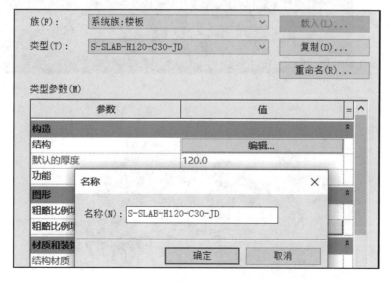

图 5-17

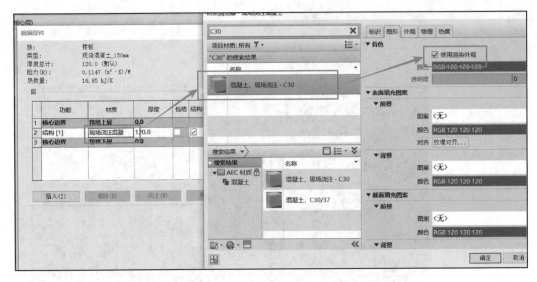

图 5-18

（4）按照图中的节点边线进行绘制，对照节点大样设置板的厚度及标高，如图 5-19 所示。

（5）重复以上步骤，即可完成板的绘制。结构楼层板模型如图 5-20 所示。

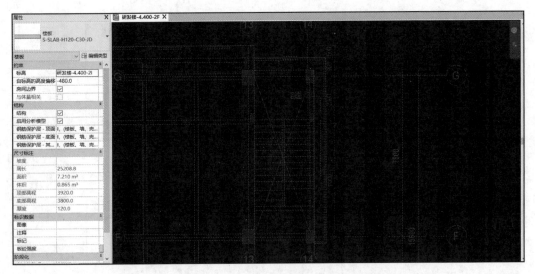

图 5-19

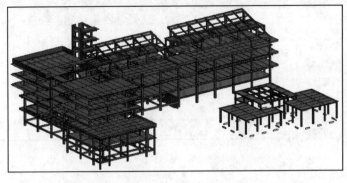

图 5-20

任务评价

　　本任务基于 BIM 混凝土结构板工作过程开展，考核采用过程性考核与结果性考核相结合的方式，强调课程内容考核与评价的整体性。具体考核内容包含综合表现、项目模型建立过程评价、工匠精神表现、任务答辩四方面。具体考核方式参见表 5-1 和表 5-2。

表 5-1　实训任务实施报告书

实训任务					
班级		姓名		学号	
任务实施报告					
任务实施过程： 任务总结： 					

表 5-2　混凝土结构板的创建与布置实训任务评价表

班级_____　　　　　任课教师_____　　　　　日期_____

序号	评价项目	评价标准	满分	评价			综合得分
				自评	互评	师评	
1	综合表现	1. 迟到、早退扣 2 分，旷课扣 5 分（此项只扣分不加分）； 2. 课堂学习态度积极、纪律好，主动参与课程思考，动手能力强（15 分）； 3. 实施报告书内容真实可靠、条理清晰、逻辑性强（5 分）	20				
2	项目模型建立过程评价	1. 正确使用 Revit 2020 软件完成钢混凝土结构板的创建与布置（30 分）； 2. 建模精准度高、速度快，符合制图标准（20 分）	50				
3	工匠精神表现	1. 实训体现爱岗敬业、精益求精、不断创新的工匠精神（5 分）； 2. 组内活动参与度，团队协作意识（5 分）	10				
4	任务答辩	1. 解决实际问题的能力（10 分）； 2. 组内协调能力及独立创建与布置构件的能力（10 分）	20				

任务 5.2　绘制后浇板

任务学习目标

（1）能运用正确的选项卡进行结构后浇板的定义。

（2）能正确识读项目图纸绘制结构后浇板。

任务引入

在建筑物的水电管井等处，为考虑穿管、穿电或电缆桥架的正常安装，施工时一般都采用钢筋预留混凝土后浇的形式进行该楼板的施工，后浇板的混凝土强度等级一般比相邻板高一个等级。本项目平面布置图中也存在少量后浇板，下面本书以此作为对象，介绍混凝土后浇板的创建与布置。

任务实施

1. 链接研发楼二层平面布置及板配筋图

操作方法同混凝土现浇板。

2. 后浇板绘制

（1）进入二层结构平面，单击"结构"选项卡"结构"面板中的楼板下拉菜单的"楼板：结构"，如图 5-21 所示。

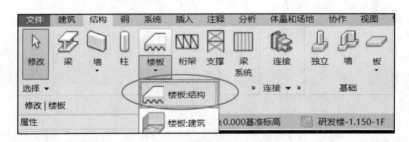

图　5-21

（2）在"类型选择器"中指定结构板类型。单击"编辑类型"按钮，进入"类型属性"对话框，单击"复制"按钮，复制一个新的结构板，按照"专业代号 - 结构板 - 厚度 - 材质描述 - 后浇"的规则命名结构板，项目中后浇板的混凝土强度等级为 C35，120厚的后浇板可命名为 S-SLAB-H120-C3-HJ，参数设置如图 5-22 所示。

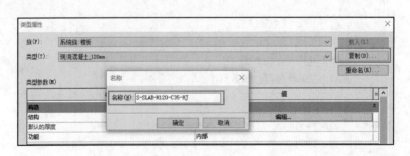

图　5-22

（3）命名结束后，单击"类型属性"面板"构造结构"的"编辑"，在材质一栏单击右边的三个小圆点，在"材质浏览器"界面中设置材质为"混凝土，现场浇注 -C35"，勾选"使用渲染外观"，参数设置如图 5-23 所示。

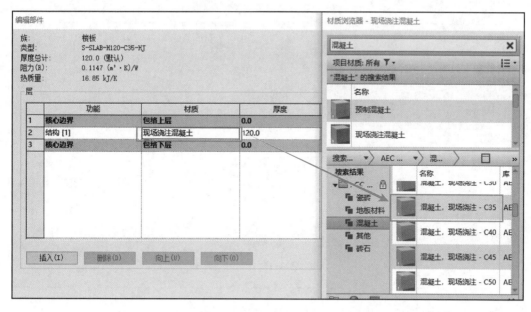

图　5-23

（4）对照着图纸中的图例确定后浇板的位置，绘制后浇板应分开绘制，避免一次性将所有的板画在一起，如图 5-24 所示。

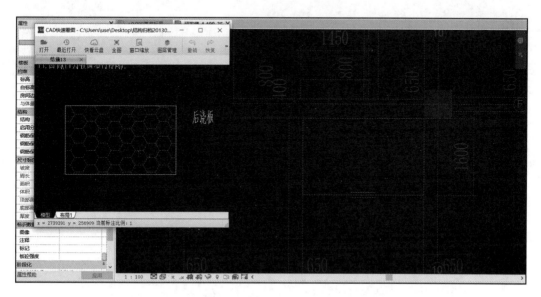

图　5-24

任务评价

本任务基于 BIM 混凝土结构板（后浇板）工作过程开展，考核采用过程性考核与结果性考核相结合的方式，强调课程内容考核与评价的整体性。具体考核内容包含综合表现、项目模型建立过程评价、工匠精神的表现、任务答辩四方面。具体考核方式参见表 5-3 和表 5-4。

表 5-3　实训任务实施报告书

实训任务					
班级		姓名		学号	
任务实施报告					
任务实施过程： 任务总结：					

表 5-4　混凝土结构板（后浇板）的创建与布置实训任务评价表

班级＿＿＿＿　　　任课教师＿＿＿＿　　　日期＿＿＿＿

序号	评价项目	评价标准	满分	评价			综合得分
				自评	互评	师评	
1	综合表现	1.迟到、早退扣2分，旷课扣5分（此项只扣分不加分）； 2.课堂学习态度、纪律，主动参与课程思考，动手能力强（15分）； 3.实施报告书内容真实可靠、条理清晰、逻辑性强（5分）	20				
2	项目模型建立过程评价	1.正确使用Revit2020软件完成钢筋混凝土结构板（后浇板）的创建与布置（30分）； 2.建模精准度及速度，是否符合制图标准（20分）	50				
3	工匠精神的表现	1.实训体现爱岗敬业、精益求精、不断创新的工匠精神表现（5分）； 2.组内活动参与度，团队协作意识（5分）	10				
4	任务答辩	1.解决实际问题的能力（10分）； 2.组内协调力及独立创建与布置构件的能力（10分）	20				

学习笔记

项目 6 结构基础

项目描述

　　基础是指建筑底部与地基接触的承重构件，它的作用是把建筑上部的荷载传给地基。本项目以江苏城乡建设职业学院科技研发楼工程为载体，以独立基础、墙下条形基础、基础梁为主，拓展学习筏板基础等。不同基础类型在 Revit 软件中创建的方法各不相同。本项目以工程师的角度，剖析 Revit 在实际项目中的应用方法以及当前常规的结构基础创建与绘制方法。本项目内容突破常规的建模思路，以项目为切入点，采用不同的族进行结构基础的创建和定义。

项目实训目的

　　1. 通过本项目学习，结合实训项目图纸，提高学生熟练运用 Revit 2020 创建和编辑混凝土独立基础的能力。

　　2. 通过本项目学习，结合实训项目图纸，提高学生熟练运用 Revit 2020 创建和编辑混凝土条形基础的能力。

　　3. 通过本项目学习，结合实训项目图纸，提高学生熟练运用 Revit 2020 创建和编辑混凝土筏板基础的能力。

项目实施准备

　　1. 阅读工作任务，识读实训项目图纸，明确基础的类型和混凝土强度等级、尺寸、标高等关键信息，熟悉基础在图纸中的布置位置。

　　2. 围绕不同的基础类型，创建项目族文件。

　　3. 结合工作任务分析结构基础中的难点和常见问题。

项目任务实施

任务 6.1　绘制独立基础

任务学习目标

（1）能运用正确的选项卡进行独立基础构件的定义。

（2）能正确识读项目图纸绘制独立基础。

任务引入

Revit 中独立基础是一个宽泛的概念,它包括扩展基础、桩基础、桩承台等。其中桩有各种类型,例如,预应力混凝土管桩、混凝土灌注桩、钢桩等,只要在桩的定义中标明类型即可。本项目中独立基础为坡形截面独立基础。下面结合项目介绍独立基础的绘制。

任务实施

1. 链接研发楼基础平面图

进入"链接 CAD"对话框,勾选"仅当前视图","图层 / 标高"选择"可见","导入单位"选择"毫米","定位"选择"自动 - 原点到原点",右下角"放置于"选择"研发楼 - 负 2.500- 基础底标高",其他设置选项按默认设置不调整,单击"打开"按钮导入图纸,如图 6-1 和图 6-2 所示。

微课:创建结构基础

图 6-1

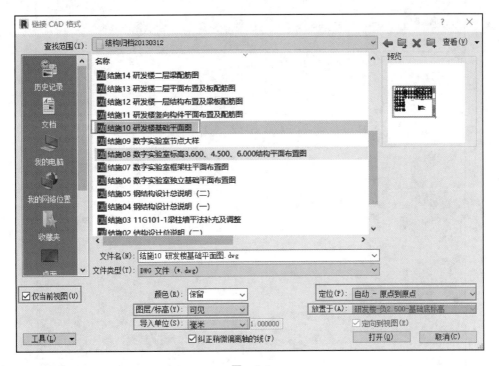

图 6-2

2. 独立基础的绘制

（1）进入对应结构平面，在"结构"选项卡"基础"面板中选择"独立"工具，在 Revit 基础属性中自带的独立基础只有"基脚 - 矩形"形式的基础族，因此在绘制项目文件中的坡形截面独立基础前应先载入基础族。单击"编辑类型"按钮，在"编辑类型"对话框中找到"载入"按钮，单击"载入"按钮，按照"结构"→"基础"的顺序，在对话框中找到"独立基础 - 坡形截面"，单击"打开"按钮载入"独立基础 - 坡形截面"族，具体设置如图 6-3~ 图 6-5 所示。

图 6-3

图 6-4

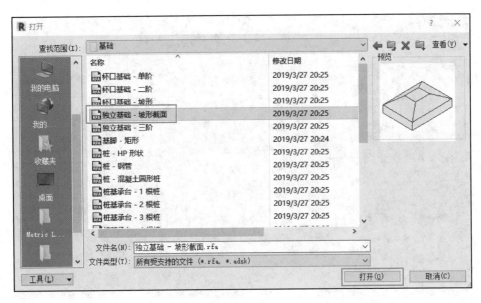

图　6-5

（2）单击"类型属性"中的"复制"按钮，复制一个新的独立基础，按照"专业代号 - 尺寸 - 材质描述 - 独基"的规则命名独立基础，项目中 1 轴交 F 轴独立基础规格为 3500×3500×700，强度等级为 C30，可命名为 S-3500×3500×700-C30-DJ，参数设置如图 6-6 所示，其他独立基础的设置方法类似。

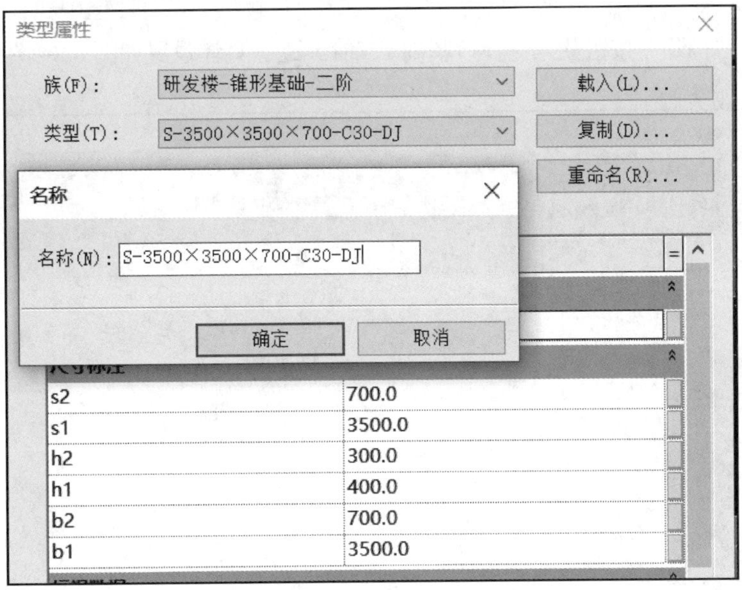

图　6-6

（3）根据载入的"基础平面布置图"布置独立基础。在"属性"面板中找到该基础，设置"标高"为"基础层"，"偏移量"为"0"，按 Enter 键确认。参照载入的"基础平面布置图"单击布置独基。其他独基类似，此处不再一一列举。单击布置时，若没有对准，可以用对齐或移动命令将独立基础移动到对应位置，如图 6-7 所示。

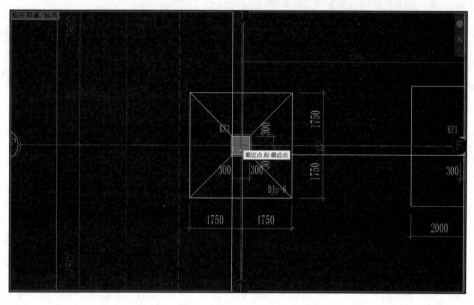

图 6-7

（4）数字实验室中有多种杯口基础，也是独立基础的一种形式，下面讲解 S2 轴交 SE 轴的杯口基础。首先进入对应结构平面，在"结构"选项卡的"基础"面板中选择"独立"工具，在 Revit 基础属性中自带的独立基础只有"基脚-矩形"形式的基础族，因此在绘制项目文件中的杯口基础前应先载入基础族。单击"编辑类型"按钮，在"编辑类型"对话框中单击"载入"按钮，按照"结构"→"基础"的顺序，在对话框中找到"杯口基础-二阶"，单击"打开"按钮载入"杯口基础-二阶"族，具体设置如图 6-8~ 图 6-10 所示。

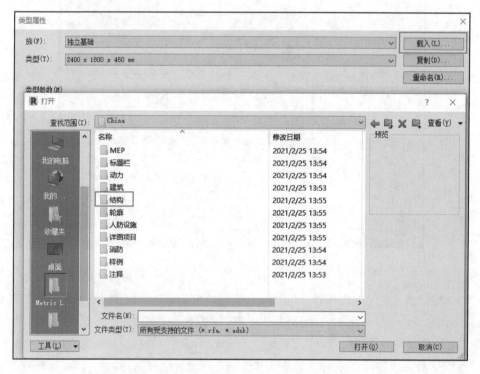

图 6-8

图　6-9

图　6-10

（5）单击"类型属性"中的"复制"按钮，复制一个新的杯口基础，按照"专业代号 - 尺寸 - 材质描述 - 独基"的规则命名杯口基础，若项目中 S2 轴交 SE 轴杯口基础规格为 3500×3500×2250，强度等级为 C30，可命名为 S-3500×3500×2250-C30-DJ，参数设置如图 6-11 所示。

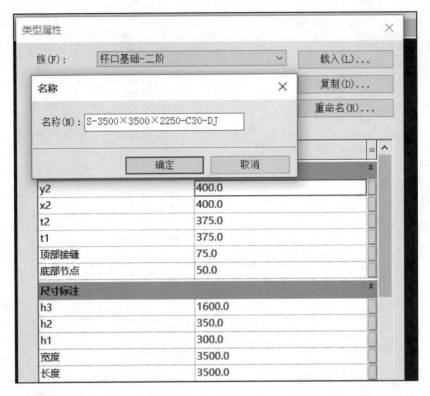

图 6-11

（6）直接按图 6-12 中位置对照项目图纸放置上去即可，若没有对准，可以用对齐或移动命令将独立基础移动到对应位置。

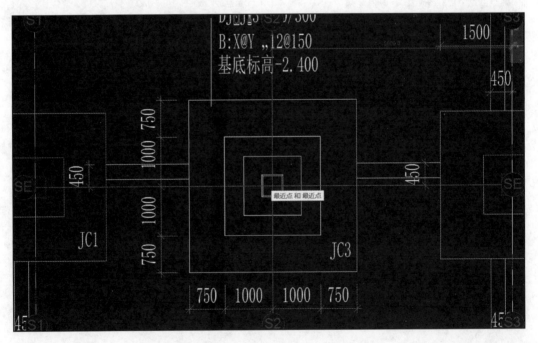

图 6-12

（7）不断重复以上步骤，完成科技研发楼及实验楼混凝土独立基础的创建与布置，如图 6-13 所示。

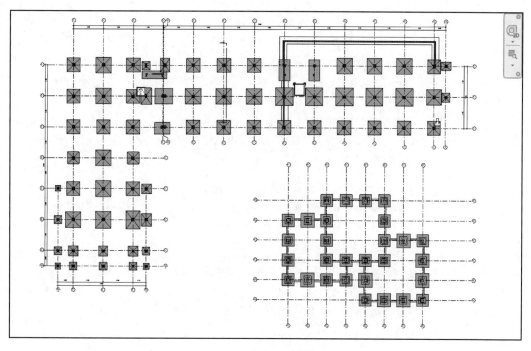

图　6-13

任务评价

本任务基于 BIM 混凝土独立基础工作过程开展，考核采用过程性考核与结果性考核相结合的方式，强调课程内容考核与评价的整体性。具体考核内容包含综合表现、项目模型建立过程评价、工匠精神表现、任务答辩四方面。具体考核方式参见表 6-1 和表 6-2。

表 6-1　实训任务实施报告书

实训任务					
班级		姓名		学号	
任务实施报告					
任务实施过程：					
任务总结：					

表 6-2　混凝土独立基础的创建与布置实训任务评价表

班级_____　　　　任课教师_____　　　　日期_____

序号	评价项目	评价标准	满分	评价			综合得分
				自评	互评	师评	
1	综合表现	1. 迟到、早退扣 2 分，旷课扣 5 分（此项只扣分不加分）； 2. 课堂学习态度积极、纪律好，主动参与课程思考，动手能力强（15 分）； 3. 实施报告书内容真实可靠、条理清晰、逻辑性强（5 分）	20				
2	项目模型建立过程评价	1. 正确使用 Revit 2020 软件完成钢筋混凝土独立基础的创建与布置（30 分）； 2. 建模精准度高、速度快，符合制图标准（20 分）	50				
3	工匠精神表现	1. 实训体现爱岗敬业、精益求精、不断创新的工匠精神（5 分）； 2. 组内活动参与度，团队协作意识（5 分）	10				
4	任务答辩	1. 解决实际问题的能力（10 分）； 2. 组内协调能力及独立创建与布置构件的能力（10 分）	20				

任务 6.2　绘制条形基础

任务学习目标

（1）能运用正确的选项卡进行条形基础构件的定义。

（2）能正确识读项目图纸绘制条形基础。

任务引入

在创建项目过程中，通常会遇到墙下条形基础的绘制。可以使用什么方法快速绘制出墙下条形基础呢？下面结合实训项目图纸为大家介绍。

任务实施

1. 链接研发楼基础平面图

链接研发楼基础平面图，具体操作方法同独立基础。

2. 条形基础绘制

（1）绘制混凝土条形基础，需要先绘制挡土墙或承重结构墙。进入"研发楼 - 负 2.500- 基础底标高"楼层平面，在"结构"选项卡的结构面板中选择"墙"下拉列表中的"结构墙"选项，如图 6-14 所示。

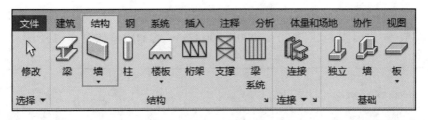

图　6-14

（2）在"属性"选项栏"类型选择器"的下拉列表中选择墙的族类型为"基本墙"。单击"编辑类型"中"类型"右侧的"复制"按钮，复制一个新的结构墙，按照"专业代号 - 结构墙 - 厚度 - 材质描述"的规则命名结构墙，项目中条形基础上部墙厚 240mm，强度等级为 C35，可命名为 S-Q-H240-C35，参数设置如图 6-15 所示。

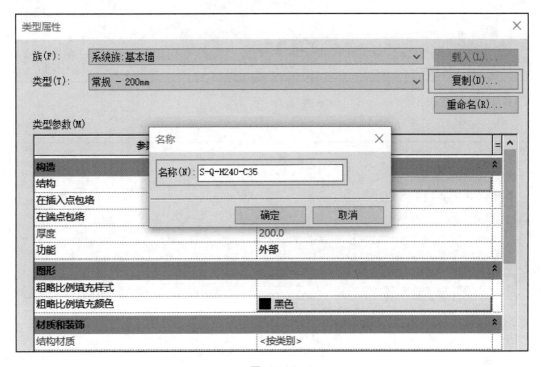

图　6-15

（3）单击"类型参数"中"结构"右侧的"编辑"按钮，进入结构墙参数设置对话框。设置材质为"混凝土，现场浇注 -C35"，"厚度"修改为 240，勾选"使用渲染外观"，参数设置如图 6-16 所示。在"属性"面板中选择刚刚创建的结构墙，按图纸位置绘制结构墙。

（4）在"属性"面板中选择创建的结构墙，对照链接的基础施工图绘制结构墙。

（5）放置条形基础以支持挡土墙或承重结构墙。单击"结构"选项卡"基础"面板下的"条形基础"命令，单击"编辑类型"按钮，在"编辑类型"对话框中单击"类型"右侧的"复制"按钮，复制一个新的条形基础，按照"专业代号 - 条形基础 - 尺寸 - 材质描述"的规则命名条形基础，项目中条形基础规格为 3000×1000×500，混凝土强度等级为 C35，可命名为 S-TJ-3000×1000×500-C35，参数设置如图 6-17 所示。

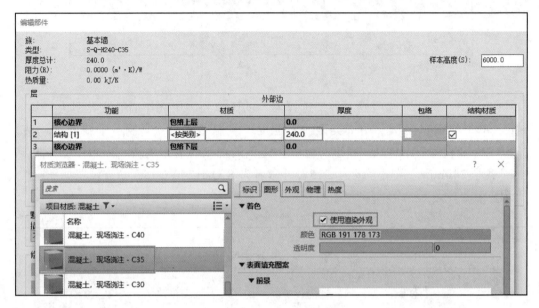

图　6-16

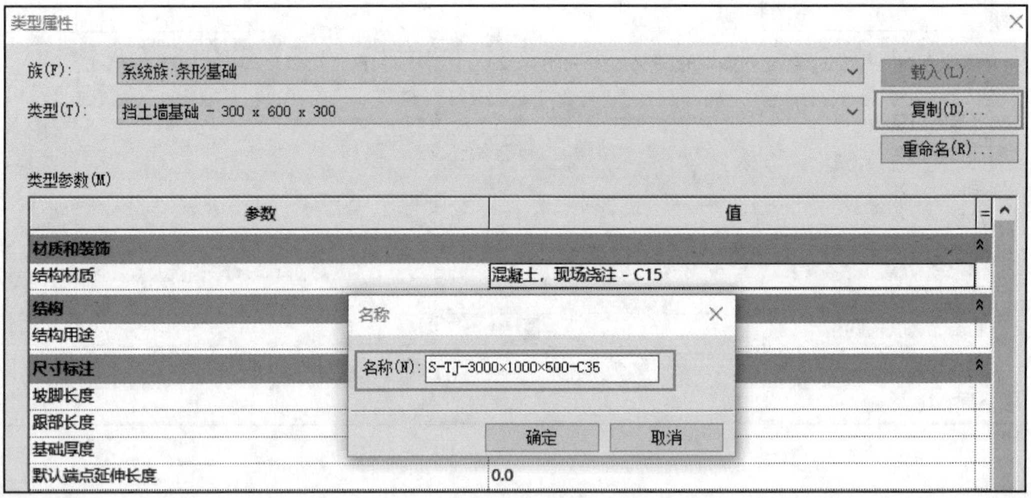

图　6-17

（6）通过拾取已绘制好的墙来创建条形基础，条形基础放置在选定墙的下面。如果要选择多个条形基础，单击图中"选择多个"选项并按住 Ctrl 键来拾取多个墙创建条形基础，拾取完之后单击完成即可创建条形基础。

任务评价

　　本任务基于 BIM 混凝土条形基础工作过程开展，考核采用过程性考核与结果性考核相结合的方式，强调课程内容考核与评价的整体性。具体考核内容包含综合表现、项目模型建立过程评价、工匠精神表现、任务答辩四方面。具体考核方式参见表 6-3 和表 6-4。

表 6-3 实训任务实施报告书

实训任务					
班级		姓名		学号	
任务实施报告					
任务实施过程： 任务总结：					

表 6-4 混凝土条基的创建与布置实训任务评价表

班级_____   任课教师_____   日期_____

序号	评价项目	评价标准	满分	评价			综合得分
				自评	互评	师评	
1	综合表现	1. 迟到、早退扣 2 分，旷课扣 5 分（此项只扣分不加分）； 2. 课堂学习态度积极、纪律好，主动参与课程思考，动手能力强（15 分）； 3. 实施报告书内容真实可靠、条理清晰、逻辑性强（5 分）	20				
2	项目模型建立过程评价	1. 正确使用 Revit 2020 软件完成混凝土条基的创建与布置（30 分）； 2. 建模精准度高、速度快，符合制图标准（20 分）	50				
3	工匠精神表现	1. 实训体现爱岗敬业、精益求精、不断创新的工匠精神（5 分）； 2. 组内活动参与度，团队协作意识（5 分）	10				
4	任务答辩	1. 解决实际问题的能力（10 分）； 2. 组内协调能力及独立创建与布置构件的能力（10 分）	20				

任务 6.3 绘制筏板基础

任务学习目标

（1）能运用正确的选项卡进行筏板基础构件的定义。

（2）能正确识读项目图纸绘制筏板基础。

（3）能运用项目创建思维进行构件名称的统一划分。

任务引入

筏板基础构造复杂，不同标高、厚度的筏板变截面处理及多个集水坑的碰撞是施工中的痛点，同时也是高效建模的难点，特别是集水坑与其垫层的相关位置关系难以把控。项目建模时，我们通过对图纸的分析，读取图纸筏板基础参数指标，按照一定的建模顺序和标准逐个解决。本项目图纸中暂无筏板基础，此任务以其他项目筏板基础为例，拓展介绍筏板基础的绘制方法。

任务实施

1. 链接拓展项目基础平面布置图

链接拓展项目基础平面布置图，方法同前述各项目做法，如图 6-18 所示。

图 6-18

2. 筏板基础绘制

（1）进入"基础层"楼层平面，单击"结构"选项卡"基础"面板中的"结构基础：楼板"按钮，选择"结构基础：楼板"，如图 6-19 所示。

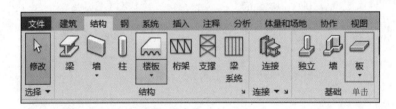

图 6-19

（2）在"类型选择器"中指定基础底板类型。单击"编辑类型"按钮，进入"类型属性"对话框，在"类型"右侧单击"复制"按钮，复制一个新的基础底板，按照"专业代号 - 厚度 - 材质描述 - 筏板基础"的规则命名筏板基础，项目中筏板基础厚度500mm，强度等级为 C35，可命名为 S-500-C35-FB，参数设置如图 6-20 所示。

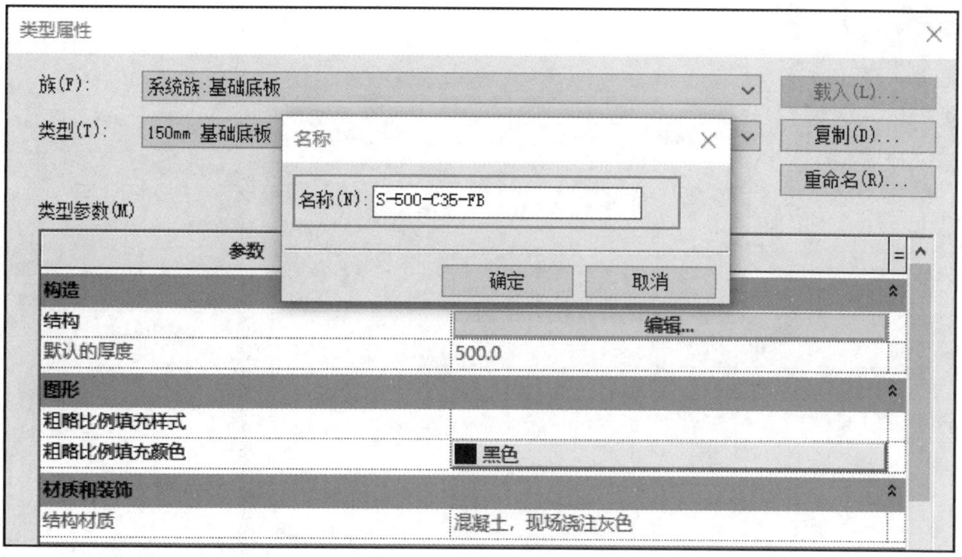

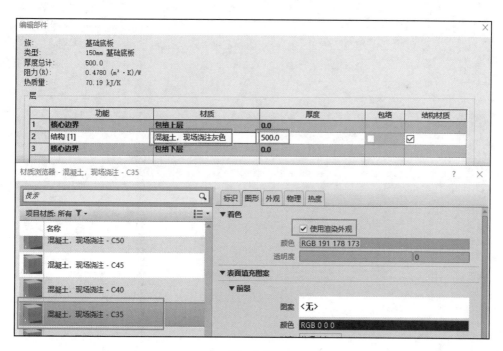

图　6-20

（3）在"类型参数"界面结构选项栏右侧"编辑"按钮中设置材质为"混凝土，现场浇注 -C35"，"厚度"修改为 500，勾选"使用渲染外观"，参数设置如图 6-21 所示。

图　6-21

（4）单击"修改|创建楼层边界"选项卡，使用"绘制"面板上的绘制工具，在"边界线"右侧工具栏中找到"线"工具，沿项目基础梁内侧单击布置筏板边界，绘制完成确认无误后单击"完成"按钮，此时软件跳出提示对话框，单击"否"按钮即可完成筏板基础绘制。当然，如果模型中已绘制墙，也可单击"拾取墙"，选择模型中的墙边界绘制筏板基础。

学习笔记

项目 7 建 筑 墙

▤ 项目描述 ▰▰▰▰▰▰

　　墙体是建筑物不可缺少的重要组成部分，其造价占整个建筑物的造价的 30%~40%。前面我们已在结构建模部分介绍了结构墙的绘制方法，而在实际工程中也存在许多非结构墙体，也就是本项目要介绍的建筑墙体。结构墙体需要承受竖向和水平荷载，而建筑墙体是一种垂直向的空间隔断结构，主要用来围合、分割或保护某一区域，又称壁或墙壁，鲜少考虑其承重能力。大部分建筑墙体材料自重较轻，如砌体墙、加气混凝土砌块墙等。本项目以江苏城乡建设职业学院科技研发楼工程为载体，以砌体墙围护用幕墙为对象，从工程师的角度，剖析 Revit 在实际项目中的应用方法以及当前常规的建筑墙创建与绘制方法。本项目突破常规的建模思路，以项目为切入点，采用不同的族进行建筑墙的创建和布置。

✐ 项目实训目的 ▰▰▰▰▰▰

　　1. 通过本项目学习，结合实训项目图纸，提高学生熟练运用 Revit 2020 创建和编辑建筑砌体墙的能力。

　　2. 通过本项目学习，结合实训项目图纸，提高学生熟练运用 Revit 2020 创建和编辑围护用幕墙的能力。

▥ 项目实施准备 ▰▰▰▰▰▰

　　1. 阅读工作任务，识读实训项目图纸，明确砌体墙和幕墙的类型、尺寸、标高、定位、属性等关键信息，熟悉不同建筑墙在图纸中的布置位置，确保建筑墙体模型创建及布置的正确性。

　　2. 围绕不同的建筑墙类型，结合项目图纸，熟悉 Revit 2020 软件自带族类型，确定是否创建项目族文件。

　　3. 结合工作任务分析建筑墙体中的难点和常见问题。

项目任务实施

任务 7.1　绘制砌体墙

任务学习目标

（1）能运用正确的选项卡进行砌体墙的定义。

（2）能正确识读项目图纸，运用 Revit 2020 绘制砌体墙。

任务引入

Revit 2020 中有"建筑墙"和"结构墙"两个选项卡，在框架或剪力墙结构中用于支撑和承载荷载的墙在结构模型中采用"结构墙"进行创建，仅用于装饰和围护作用的墙在建筑模型中采用"建筑墙"进行创建。本项目中墙体大部分均为建筑墙，其形式包括砌体墙、预制墙和玻璃幕墙等，下面结合项目首先介绍砌体墙的创建与布置。

在 Revit 中，墙属于系统族，共有 3 种类型的墙族：基本墙、层叠墙和幕墙。对于砌体墙，我们选择使用"基本墙"来进行创建。

墙体中包含多个空间竖向层叠而成的"二次"结构层组织，而在 Revit 中将此层级划分为 6 个种类，分别是：面层 1[4]（通常是外层）、保温层 / 空气层 [3]、涂膜层（厚度为零）、结构 [1]、面层 2[5]（通常是内层）和衬底 [2]，每种类别中括号中的数值大小表示墙体水平连接时的优先级，数值越小优先级越高。

任务实施

1. 链接"建施 14- 一层平面图"

进入"链接 CAD"对话框，勾选"仅当前视图"选型，"图层 / 标高"选择"可见"，"导入单位"选择"毫米"，"定位"选择"自动 - 原点到原点"，右下角"放置于"选择"1F 建筑 ±0.000"，其他设置选项按默认设置不调整，单击"打开"按钮导入图纸，如图 7-1 和图 7-2 所示。

图　7-1

2. 砌体墙绘制

（1）双击"项目浏览器"中的"楼层平面"，双击"1F 建筑 ±0.000"打开一层平面视图，单击"建筑"选项卡→"构建"面板→"墙"工具→"墙：建筑"按钮，如图 7-3 所示。

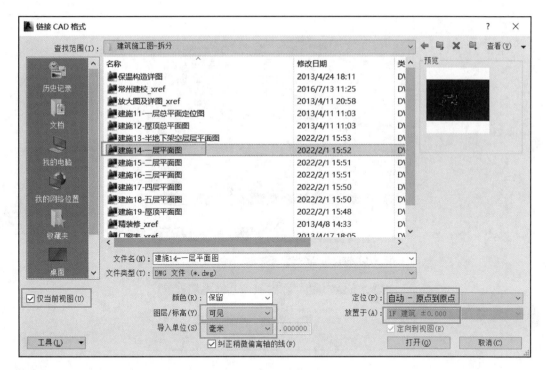

图 7-2

图 7-3

（2）在"类型选择器"中指定基本墙类型。单击"属性"面板，选择"类型"为"基本墙：常规 -200mm"，单击"编辑类型"按钮，进入"类型属性"对话框，单击"复制"按钮，复制一个新的砌体墙，输入类型名称，按照"专业代号 - 内 / 外墙及厚度 - 材质"的规则命名砌体墙，除去门窗和幕墙部分，本项目中科技研发楼外立面所用外墙均为外刷涂料的粉煤灰混凝土小型空心砌块外墙（代号为 FHB），厚度为 200mm，可命名为A-WQ200-FHB，参数设置如图 7-4 所示。

而对于预制墙，在创建时，输入类型名称，预制墙需在命名中加后缀进行区分，按照"专业代号 - 内 / 外墙及厚度 - 材质 -YZ"的规则命名，本项目中数字实验室外立面所用外墙均为装配式预制外墙板（代号为 PCF），厚度为 200mm，可命名为 A-WQ200-PCF-YZ，参数设置如图 7-5 所示。

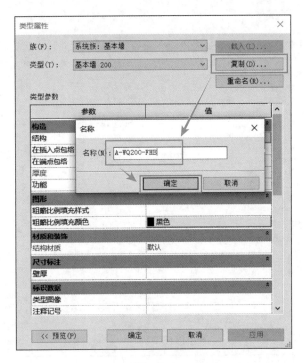

图 7-4

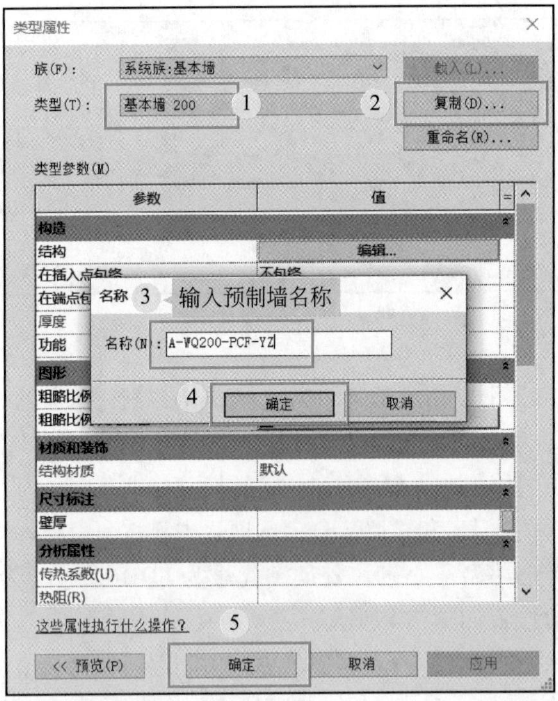

图 7-5

（3）设置外墙所有构造层次。打开"编辑部件"对话框后，使用"插入"按钮分别插入面层 1 并设置厚度，使用"向上"按钮将面层 1（外层）调至核心边界的外部；同理使用"插入"按钮和"向下"按钮设置面层 2（内层），如图 7-6 所示。

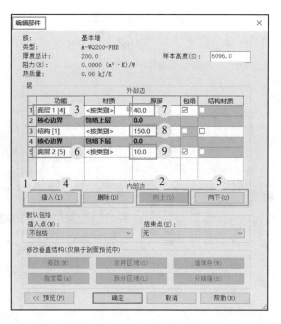

图 7-6

（4）对"面层1[4]"定义材质信息。单击"外部边"表格→第1行面层1[4]→"材质"单元格→"按类别"边上的"..."按钮来定义其材质。在弹出的"材质浏览器"对话框中左上角的搜索框中搜索"仿"，在下方的搜索结果中选中"仿石漆木色"，单击右下方的"确定"按钮，如图7-7所示。

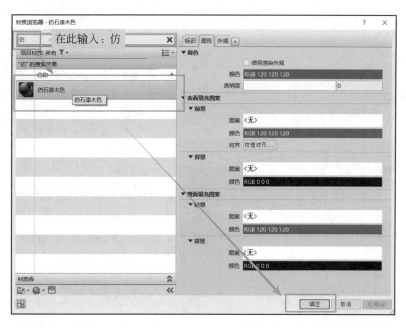

图 7-7

（5）按前面的方法设置"结构层[1]"的材质信息。单击结构层[1]→"材质"单元格→"按类别"边上的"..."按钮来定义其材质。在弹出的"材质浏览器"对话框中左上角的搜索框中搜索"混凝土"，在下方的搜索结果中选中"混凝土砌块"。

（6）修改结构层 [1] 的着色信息。单击右侧上方"着色"中的"颜色"，"红""绿""蓝"分别设定为"181，181，181"，如图 7-8 所示。

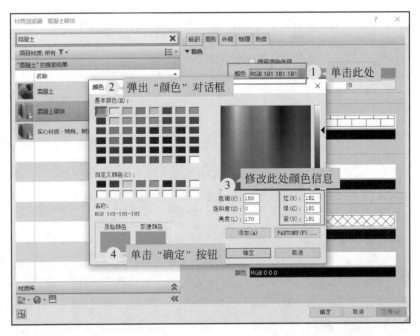

图　7-8

（7）依次单击"表面填充图案"→"前景"→"图案"，选择"模型"中的"砌体 - 砌块 225×450mm"，如图 7-9 所示。

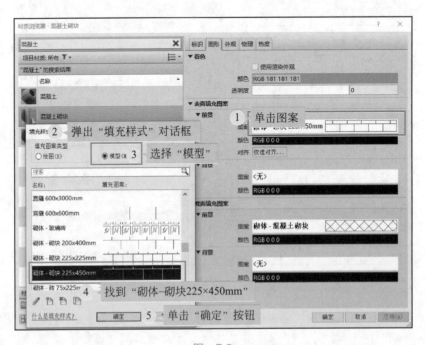

图　7-9

（8）依次单击"截面填充图案"→"前景"→"图案"，选择"砌体 - 混凝土砌块"，如图 7-10 所示。

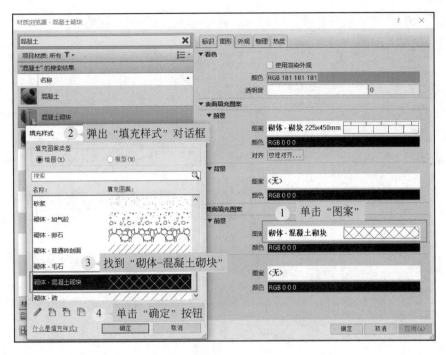

图　7-10

（9）单击右下方的"确定"按钮，如图 7-11 所示。

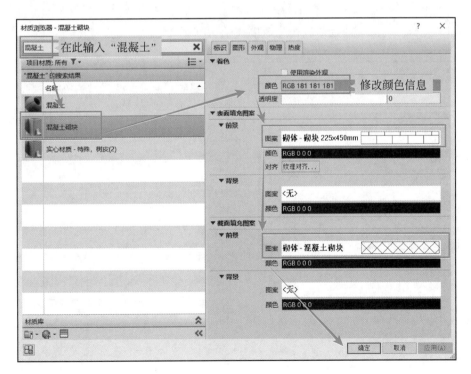

图　7-11

（10）按前面的方法设置"面层 2[5]"的材质、着色、填充图案，如图 7-12 所示。

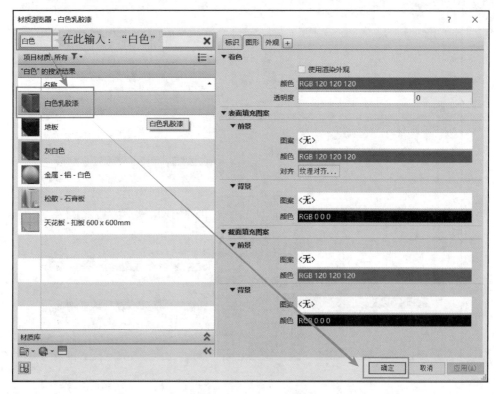

图　7-12

（11）单击"类型属性"对话框中的"预览"按钮，可以预览已编辑好的墙体结构，如图 7-13 所示，单击"确定"按钮完成墙体类型的定义。

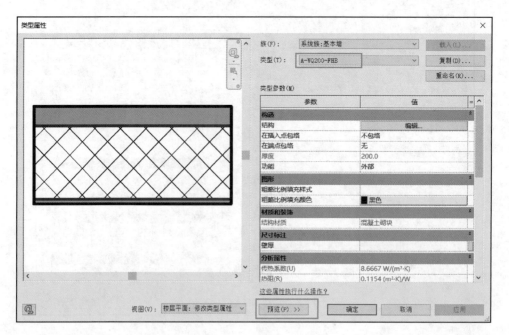

图　7-13

（12）在"修改|放置 墙"选项栏中依次选择"高度"、2F，用于设定绘制墙的立面是从 1F 到 2F，在"定位线"下拉选项中选择"核心层中心线"，勾选"链"（作用是当绘制完成一段墙后，可以连续绘制其他墙，使其首尾相连），使用"直线"工具在 1F 楼层平面绘制墙，如图 7-14 所示。

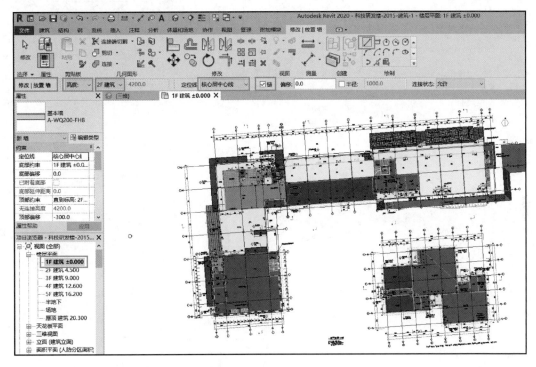

图　7-14

（13）Revit 还提供了矩形、多边形、圆形、弧线、拾取线等工具，可绘制不同形状的墙体，如图 7-15 所示。

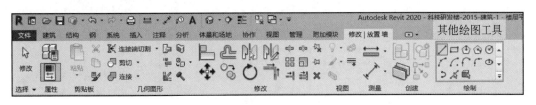

图　7-15

（14）依次选择"项目浏览器"→"三维视图"→"三维"选项，将显示三维的墙效果，如发现墙体内层和外层方向相反时，可右击该墙体的"修改墙的方向"。若无法显示设置的墙体颜色和填充图案，可单击视图控制栏中的"视觉样式"，依次选择"着色"→"一致的颜色"即可修改。需要注意的是，外墙的内、外侧通常不同，选中墙体时图中的"蓝色箭头"需要全部调节为"朝外"，表示该侧朝外。

任务评价

本任务基于 BIM 建筑砌体墙工作过程开展，考核采用过程性考核与结果性考核相结合的方式，强调课程内容考核与评价的整体性。具体考核内容包含综合表现、项目模型建立过程评价、工匠精神表现、任务答辩四方面。具体考核方式参见表 7-1 和表 7-2。

表 7-1　实训任务实施报告书

实训任务	
班级	姓名 学号
任务实施报告	
任务实施过程： 任务总结：	

表 7-2　预制墙的创建与布置实训任务评价表

班级＿＿＿＿＿　　　　任课教师＿＿＿＿＿　　　　日期＿＿＿＿＿

序号	评价项目	评价标准	满分	评价			综合得分
				自评	互评	师评	
1	综合表现	1. 迟到、早退扣 2 分，旷课扣 5 分（此项只扣分不加分）； 2. 课堂学习态度积极、纪律好，主动参与课程思考，动手能力强（15 分）； 3. 实施报告书内容真实可靠、条理清晰、逻辑性强（5 分）	20				
2	项目模型建立过程评价	1. 正确使用 Revit 2020 软件完成砌体墙的创建与布置（30 分）； 2. 建模精准度高、速度快，符合制图标准（20 分）	50				

续表

序号	评价项目	评价标准	满分	评价			综合得分
				自评	互评	师评	
3	工匠精神表现	1. 实训体现爱岗敬业、精益求精、不断创新的工匠精神（5 分）； 2. 组内活动参与度，团队协作意识（5 分）	10				
4	任务答辩	1. 解决实际问题的能力（10 分）； 2. 组内协调能力及独立创建与布置构件的能力（10 分）	20				

任务 7.2　绘制幕墙（围护结构部分）

任务学习目标

（1）能运用正确的选项卡进行幕墙的定义。

（2）能正确识读项目图纸绘制幕墙。

任务引入

建筑幕墙是建筑的外墙维护结构，不承重。Revit 中幕墙主要由 3 部分组成：幕墙网格、幕墙竖梃和幕墙嵌板。幕墙嵌板是构成幕墙的基本单元，幕墙由一块或多块幕墙嵌板组成。幕墙网格控制整个幕墙的划分，竖梃以及幕墙嵌板的大小、数量都基于幕墙网格建立。幕墙竖梃即幕墙龙骨，是沿幕墙网格生成的线性构件。本科技研发楼中存在大量玻璃幕墙，下面结合项目介绍幕墙的绘制。

任务实施

1. 链接"建施 14- 一层平面图"

进入"链接 CAD"对话框，勾选"仅当前视图"选型，"图层 / 标高"选择"可见"，"导入单位"选择"毫米"，"定位"选择"自动 - 原点到原点"，右下角"放置于"选择"1F 建筑 ± 0.000"，其他设置选项按默认设置不调整，单击"打开"按钮导入图纸，如图 7-16 和图 7-17 所示。

图　7-16

图 7-17

2. 幕墙绘制

（1）双击"项目浏览器"中的"楼层平面"，双击"1F 建筑 ±0.000"打开一层平面视图，依次单击"建筑"选项卡→"构建"面板→"墙"工具→"墙：建筑"按钮，如图 7-18 所示。

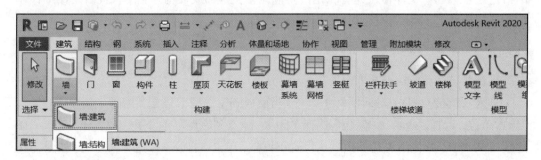

图 7-18

（2）在"类型选择器"中指定基本墙类型。单击"属性"面板，选择"类型"为"幕墙"，如图 7-19 所示。单击"编辑类型"按钮，进入"类型属性"对话框，单击"复制"按钮，复制一个新的砌体墙，输入类型名称，按照"专业代号 - 幕墙 - 编号"的规则命名幕墙，本项目中科技研发楼外立面所用外墙有大量幕墙，均为灰色玻璃幕墙（代号为MQ），单击"确定"按钮，勾选"自动嵌入"，单击"确定"按钮退出幕墙"类型属性"编辑，参数设置如图 7-20 所示。接下来以本项目中南立面图一层范围内，E轴上位于5~6轴的玻璃幕墙（A-MQ-3）为例进行创建。

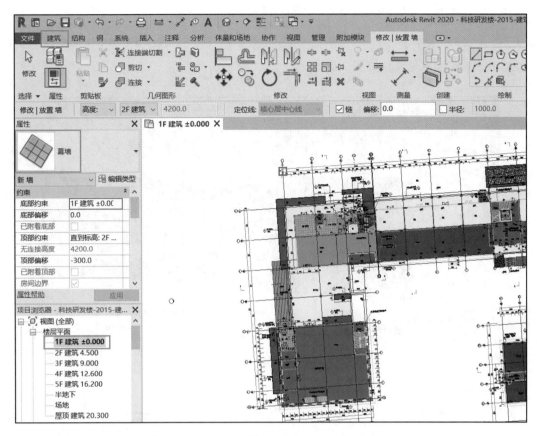

图 7-19

图 7-20

（3）在"修改|放置 墙"选项栏中选择"未连接"、3800，用于设定幕墙的立面是从 1F 到 3800，设置定位线为"墙中心线"，使用"直线"工具在 1F 楼层平面南侧 E 轴外墙上 5~6 轴绘制幕墙，如图 7-21 所示。

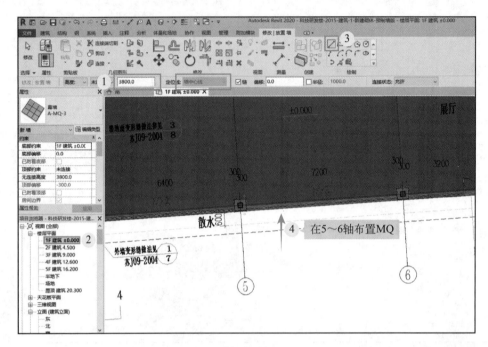

图　7-21

（4）依次选择"项目浏览器"→"立面"→"南立面"选项，"视觉样式"为"着色"，单击绘图区内幕墙处选中此幕墙，如图 7-22 所示。

微课：创建幕墙面板

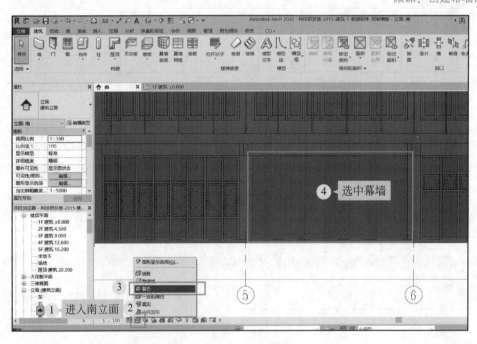

图　7-22

（5）单击"编辑类型"按钮，设置垂直网格：选择"固定距离"，输入 800，单击"确定"按钮，如图 7-23 所示。

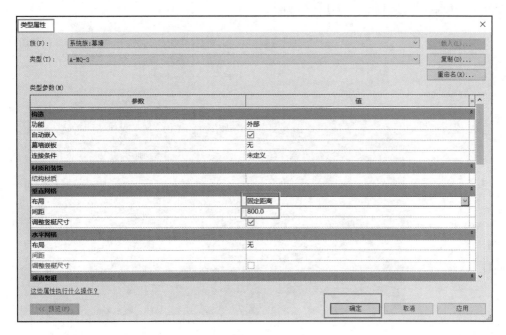

图　7-23

（6）手动设置修改网格线：依次单击"建筑"选项卡→"构建"面板→"幕墙网格"工具，进入"修改|放置幕墙网格"上下文选项，如图 7-24 所示。

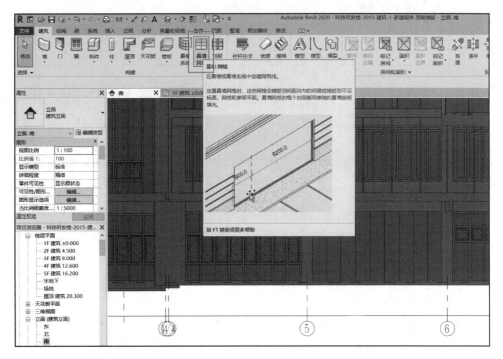

图　7-24

（7）手动放置网格线：单击"放置"面板中的"全部分段"工具，在绘图区该幕墙附近移动光标，当光标识别为水平设置网格线时，从幕墙顶部向下依次间隔 1200mm 和 1600mm 放置水平网格线，如图 7-25 所示。

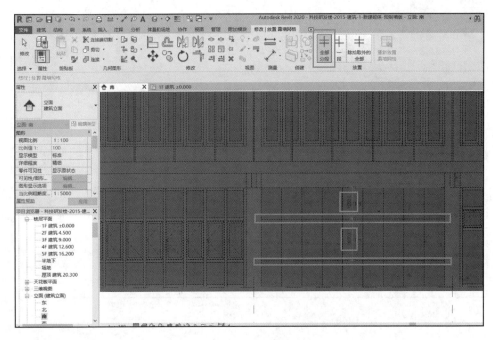

图　7-25

（8）设置幕墙嵌板：单击"修改"工具，选中整个幕墙，单击"属性"面板中的"编辑类型"按钮，将整个幕墙的嵌板设为"系统嵌板：玻璃"，单击"确定"按钮，如图 7-26 所示。

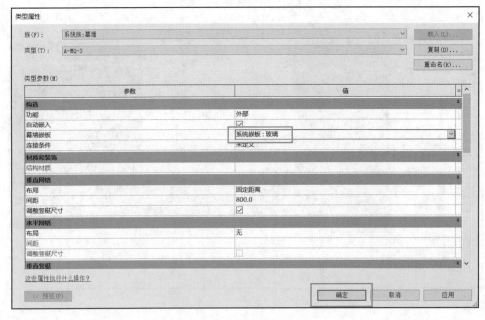

图　7-26

（9）载入幕墙窗嵌板：依次单击"插入"选项卡→"载入族"工具，进入"建筑"目录"幕墙"中的"门窗嵌板"目录，选中"窗嵌板 -50-70 系列单扇平开铝窗"，如图 7-27 所示，单击"打开"按钮。

图　7-27

（10）选中单块玻璃嵌板：在南立面上，将光标移至该幕墙中部需放置平开窗的嵌板附近的网格线边缘，多次按 Tab 键，观察左下角状态栏的变化，当状态栏出现"幕墙嵌板：系统嵌板：玻璃：R0"时，单击选中此嵌板，单击右上角出现的"禁止改变图元位置开关"切换为"允许改变图元位置"状态，如图 7-28 所示。

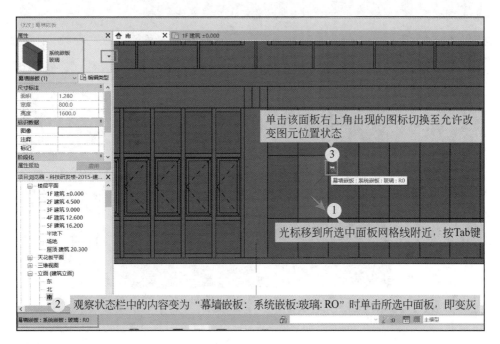

图　7-28

（11）编辑某块玻璃嵌板为窗嵌板：单击上一步选中的玻璃嵌板，在"属性"面板的"类型"中选择"窗嵌板_50-70系列单扇平开铝窗50系列"，如图7-29所示。

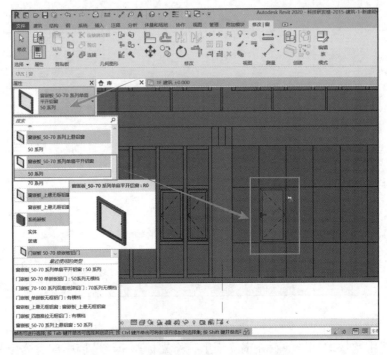

图 7-29

（12）单击"建筑"选项卡，选择"构建"面板中的"竖梃"工具，如图7-30所示。

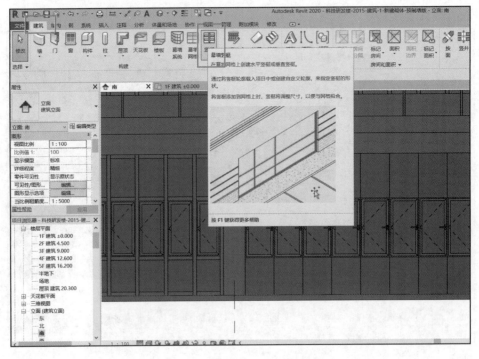

图 7-30

（13）在"属性"面板中单击"编辑类型"按钮，复制"深灰色铝合金 200×50×50"，修改"厚度"为 200、"边 2 上的宽度"和"边 1 上的宽度"均为 50，如图 7-31 所示。

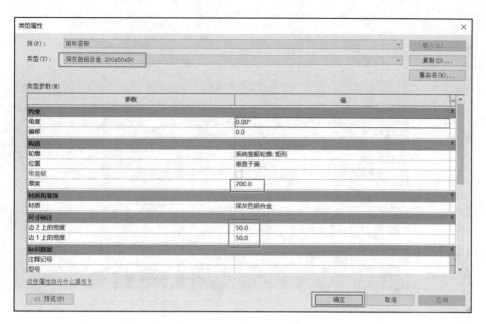

图　7-31

（14）Revit 中有 3 种放置竖梃的工具，如图 7-32 所示。"网格线"用于创建当前选中的网格线从头到尾的竖梃；"单段网格线"用于创建当前网格线中所选网格内的其中一段竖梃；"全部网格线"用于创建当前选中幕墙中全部网格线上的竖梃。读者可分别使用以上 3 种工具，看其效果。

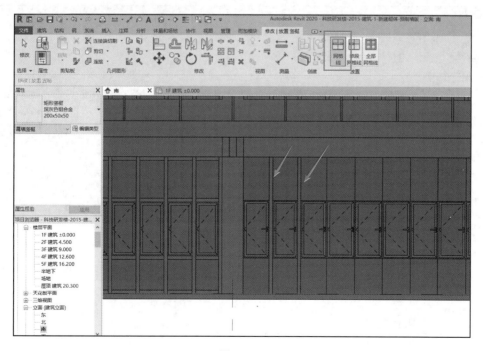

图　7-32

（15）一楼南立面幕墙放置完竖梃后效果如图 7-33 所示。

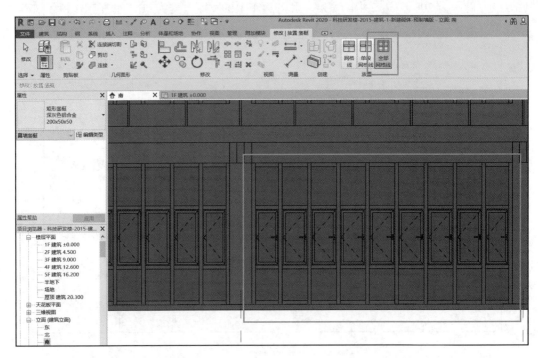

图　7-33

（16）发现创建的窗户把手朝向外侧，修改时需要切换到"1F 建筑 ±0.000"平面视图，找到并选中此幕墙后，视图中会出现"外墙方位双箭头"，单击表示外墙外侧的"箭头"即可切换此外墙的内外侧方向，如图 7-34 所示。

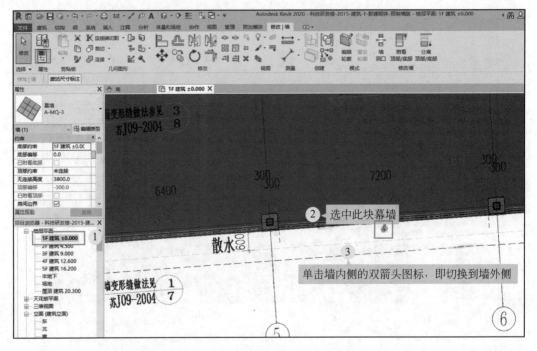

图　7-34

（17）依次选择"项目浏览器"→"三维视图"→"三维"选项，将显示三维的幕墙效果，如图 7-35 所示。

微课：创建幕墙网格竖挺门窗

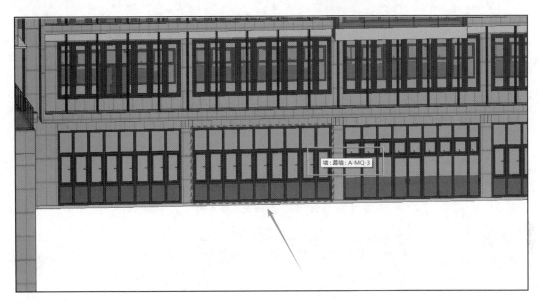

图　7-35

任务评价

本任务基于 BIM 幕墙工作过程开展，考核采用过程性考核与结果性考核相结合的方式，强调课程内容考核与评价的整体性。具体考核内容包含综合表现、项目模型建立过程评价、工匠精神表现、任务答辩四方面。具体考核方式参见表 7-3 和表 7-4。

表 7-3　实训任务实施报告书

实训任务					
班级		姓名		学号	
任务实施报告					
任务实施过程：					
任务总结：					

表 7-4　幕墙的创建与布置实训任务评价表

班级＿＿＿＿＿　　　任课教师＿＿＿＿＿　　　日期＿＿＿＿＿

序号	评价项目	评价标准	满分	评价			综合得分
				自评	互评	师评	
1	综合表现	1. 迟到、早退扣 2 分，旷课扣 5 分（此项只扣分不加分）； 2. 课堂学习态度积极、纪律好，主动参与课程思考，动手能力强（15 分）； 3. 实施报告书内容真实可靠、条理清晰、逻辑性强（5 分）	20				
2	项目模型建立过程评价	1. 正确使用 Revit 2020 软件完成幕墙的创建与布置（30 分）； 2. 建模精准度高、速度快，符合制图标准（20 分）	50				
3	工匠精神表现	1. 实训体现爱岗敬业、精益求精、不断创新的工匠精神（5 分）； 2. 组内活动参与度，团队协作意识（5 分）	10				
4	任务答辩	1. 解决实际问题的能力（10 分）； 2. 组内协调能力及独立创建与布置构件的能力（10 分）	20				

学习笔记

项目 8　建筑门窗洞口

项目描述

　　门、窗按照所处位置不同可分为围护构件和分隔构件。门、窗不仅是建筑物围护系统的重要组成部分，作为建筑物内部和外界联系的通道，也是居室中不可缺少的一部分，其分类五花八门。在民用建筑的六大构造组成之中，仅"门与窗"属于非承重构件。门在建筑中的作用主要是交通联系，并兼顾采光和通风；窗的作用是采光、通风和眺望，此外，门、窗也对建筑造型产生重大的影响。设计人员在设计门窗时，必须根据有关规范和建筑的功能要求决定其形式及尺寸大小，并符合《建筑模数协调统一标准》的要求，以降低成本和适应建筑工业化生产的需要。

　　本项目以江苏城乡建设职业学院科技研发楼工程为载体，以门和窗为对象，从工程师的角度，剖析 Revit 在实际项目中的应用方法以及当前常规的门窗创建与绘制方法。本项目突破常规的建模思路，以项目为切入点，采用不同的族进行门窗的创建和布置。

项目实训目的

　　1. 通过本项目学习，结合实训项目图纸，提高学生熟练运用 Revit 2020 创建和编辑门的能力。

　　2. 通过本项目学习，结合实训项目图纸，提高学生熟练运用 Revit 2020 创建和编辑窗的能力。

　　3. 通过本项目学习，结合实训项目图纸，提高学生熟练运用 Revit 2020 创建和编辑门窗明细表的能力。

项目实施准备

　　1. 阅读工作任务，识读实训项目图纸，明确门窗的类型、尺寸、标高、定位及门窗明细表等关键信息，熟悉不同门窗在图纸中的布置位置，确保门窗模型创建及布置的正确性。

2. 围绕不同的门窗类型，结合项目图纸，熟悉 Revit 2020 软件自带族类型，确定是否创建项目族文件。

3. 结合工作任务分析门窗创建中的难点和常见问题。

🔧 项目任务实施

任务 8.1 绘 制 门

任务学习目标

（1）能运用正确的选项卡进行门的定义。

（2）能正确识读项目图纸，运用 Revit 2020 绘制门。

任务引入

在 Revit 中，使用"门"工具在建筑模型的墙中放置门。洞口将自动剪切进墙体以容纳门，如图 8-1 所示。因此，必须先创建墙，创建墙时并不需要在门处断开，当创建门时将会自动剪切，这种依赖于主体图元而存在的构件称为"基础于主体的构件"。

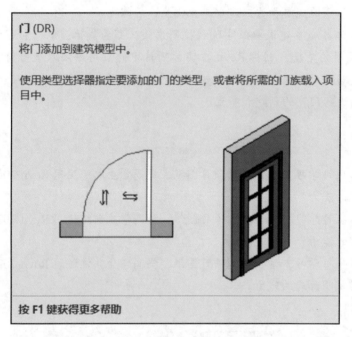

微课：创建门

图 8-1

门窗图元都属于可载入族，可以通过"新建"和"载入族"的方式将各种门窗载入项目中使用。在 Revit 安装族库中，有卷帘门、门构件、普通门、其他、装饰门等供用户载入使用，如图 8-2 所示。用户也可通过新建族，自己定义新的门族使用。

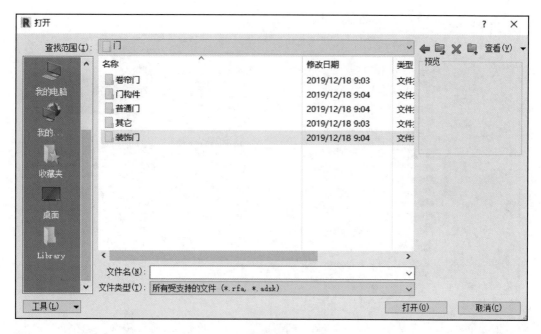

图　8-2

任务实施

1. 链接"建施 14- 一层平面图"

进入"链接 CAD"对话框，勾选"仅当前视图"选型，"图层 / 标高"选择"可见"，"导入单位"选择"毫米"，"定位"选择"自动 - 原点到原点"，右下角"放置于"选择"1F 建筑 ±0.000"，其他设置选项按默认设置不调整，单击"打开"按钮导入图纸，如图 8-3 和图 8-4 所示。

图　8-3

2. 建筑门绘制

（1）载入门族：单击"插入"选项卡→"载入族"工具，进入载入族的界面，依次选择 Libraries → China →"建筑"→"门"→"普通门"→"平开门"→"双扇"目录，选中"双面嵌板玻璃门"，单击"打开"按钮退出，如图 8-5 所示。此时打开"类型属性"面板，"双面嵌板玻璃门"的类型已成功载入。

（2）双击"项目浏览器"中的"楼层平面"，双击"1F 建筑 ±0.000"，打开一层平面视图，依次单击"建筑"选项卡→"构建"面板→"门"工具，如图 8-6 所示。

（3）在"属性"面板的类型中选择"双面嵌板玻璃门"，单击"编辑类型"工具，

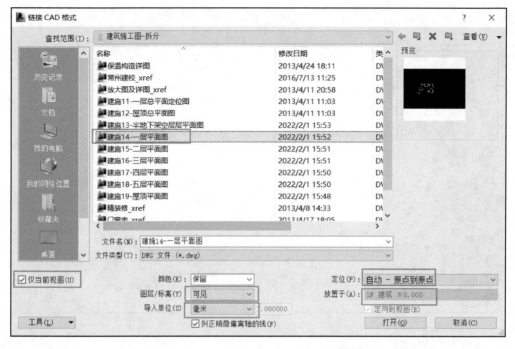

图　8-4

图　8-5

在"类型属性"对话框中单击"复制"按钮，输入类型名称为 M1522，单击"确定"按钮，设置门的宽度为1500，高度为2200，单击"确定"按钮退出门类型属性，如图8-7所示。

（4）修改 | 放置 门：在一层平面视图中，将光标指向 C 轴上的 3~1/3 轴之间的墙体位置，单击后完成门的添加，如图8-8所示。

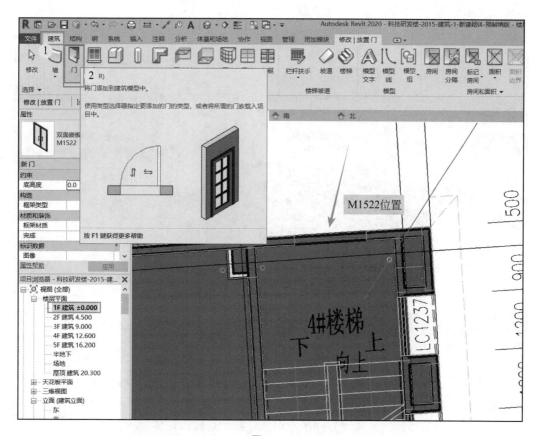

图　8-6

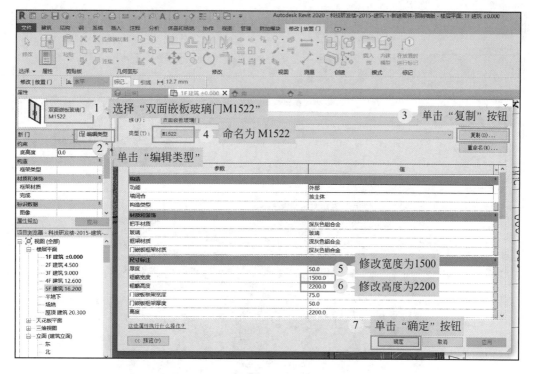

图　8-7

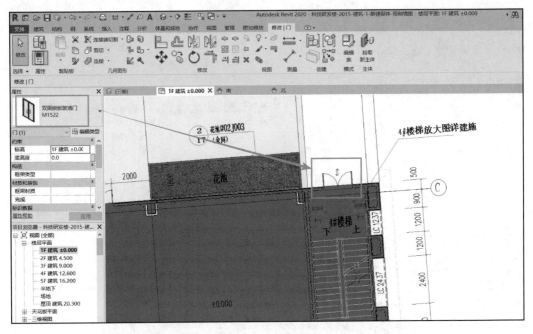

图 8-8

（5）单击"修改"工具，选中门，可查看门实例的属性，如图 8-9 所示。其中标高和底高度确定门在垂直立面上的位置，单击绘图区门附近的"双箭头"符号可改变开门的方向，修改门与楼梯间两侧墙体间的临时标注尺寸可修改门的平面位置。

（6）选择"项目浏览器"→"三维视图"→"三维"选项，将显示三维的门效果，如图 8-10 所示。

（7）其他门的创建方法与此相同，可以根据图纸和尺寸创建并放置到精确的位置上。

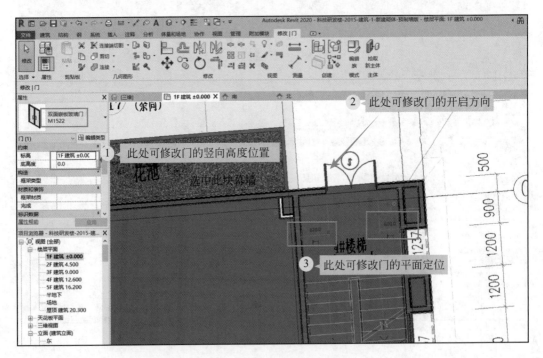

图 8-9

图　8-10

任务评价

本任务基于 BIM 建筑门工作过程开展，考核采用过程性考核与结果性考核相结合的方式，强调课程内容考核与评价的整体性。具体考核内容包含综合表现、项目模型建立过程评价、工匠精神表现、任务答辩四方面。具体考核方式参见表 8-1 和表 8-2。

表 8-1　实训任务实施报告书

实训任务					
班级		姓名		学号	
任务实施报告					
任务实施过程：					
任务总结：					

表 8-2 建筑门的创建与布置实训任务评价表

班级 _____ 任课教师 _____ 日期 _____

序号	评价项目	评价标准	满分	评价			综合得分
				自评	互评	师评	
1	综合表现	1. 迟到、早退扣 2 分，旷课扣 5 分（此项只扣分不加分）； 2. 课堂学习态度积极、纪律好，主动参与课程思考，动手能力强（15 分）； 3. 实施报告书内容真实可靠、条理清晰、逻辑性强（5 分）	20				
2	项目模型建立过程评价	1. 正确使用 Revit 2020 软件完成建筑门的创建与布置（30 分）； 2. 建模精准度高、速度快，符合制图标准（20 分）	50				
3	工匠精神表现	1. 实训体现爱岗敬业、精益求精、不断创新的工匠精神（5 分）； 2. 组内活动参与度，团队协作意识（5 分）	10				
4	任务答辩	1. 解决实际问题的能力（10 分）； 2. 组内协调能力及独立创建与布置构件的能力（10 分）	20				

任务 8.2 绘 制 窗

任务学习目标

（1）能运用正确的选项卡进行窗的定义。

（2）能正确识读项目图纸，运用 Revit 2020 绘制窗。

任务引入

在 Revit 中，使用"窗"工具在建筑模型的墙中放置窗。洞口将自动剪切进墙以容纳窗，如图 8-11 所示。因此，必须先创建墙，创建墙时并不需要在窗处断开，当创建窗时将会自动剪切。

门窗图元都属于可载入族，可以通过"新建"和"载入族"的方式将各种门窗载入项目中使用。在 Revit 安装族库中，分别有组合窗、悬窗、平开窗、推拉窗等族供用户载入使用，如图 8-12 所示。用户也可通过新建族自己定义新的窗族使用。

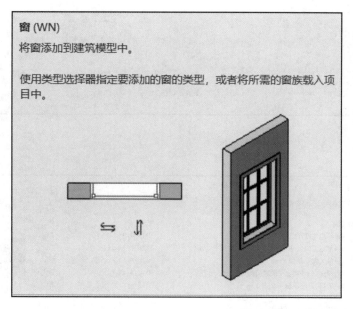

图　8-11

图　8-12

任务实施

1. 链接"建施 14- 一层平面图"

进入"链接 CAD"对话框，勾选"仅当前视图"选型，"图层 / 标高"选择"可见"，"导入单位"选择"毫米"，"定位"选择"自动 - 原点到原点"，右下角"放置于"选择"1F 建筑 ± 0.000"，其他设置选项按默认设置不调整，单击"打开"按钮导入图纸，如图 8-13 和图 8-14 所示。

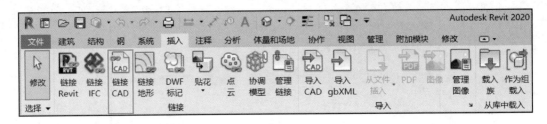

图 8-13

图 8-14

2. 建筑窗绘制

（1）载入窗族：单击"插入"选项卡→"载入族"工具，进入载入族的界面，依次选择 Libraries → China →"建筑"→"窗"→"普通窗"→"推拉窗"目录，选中"推拉窗 6"，单击"打开"按钮退出。此时打开"类型属性"面板，如图 8-15 所示，"推拉窗 6"的类型已成功载入。

（2）双击"项目浏览器"中的"楼层平面"，双击"1F 建筑 ±0.000"，打开一层平面视图，依次单击"建筑"选项卡→"构建"面板→"窗"工具，如图 8-16 所示。

（3）在"属性"面板的类型中选择"推拉窗 6"，单击"编辑类型"，在"类型属性"对话框中单击"复制"按钮，输入类型名称为 C1506，单击"确定"按钮，设置窗的宽度为 1500，高度为 600，单击"确定"按钮退出窗类型属性，如图 8-17 所示。

图　8-15

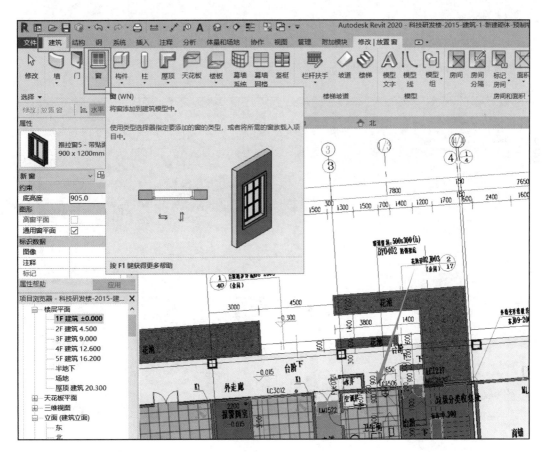

图　8-16

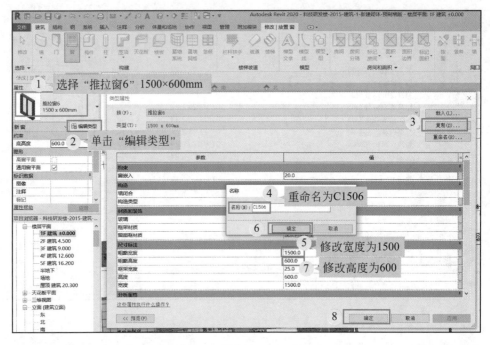

图 8-17

（4）修改|窗：在一层平面视图中，将光标指向科研楼北立面外墙在 3~4 轴线间靠近水井的墙体位置，单击后完成窗的添加，如图 8-18 所示。

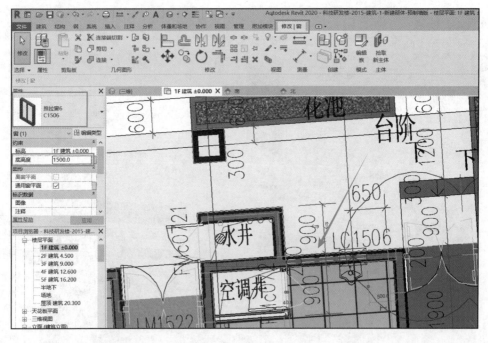

图 8-18

（5）单击"修改"工具，选中刚才选中的窗，可查看窗实例的属性，如图 8-19 所示。其中"标高"和"底高度"确定窗在垂直立面上的位置，注意，窗构件一般会有一定的

图 8-19

离地高度，单击窗边上的"双箭头"符号可改变开窗的方向，修改临时标注尺寸可修改窗的平面位置。也可通过双击"项目浏览器"→"立面"→"北"切换到"北立面图"来更直观地修改 C1506 的定位信息，如图 8-20 所示。

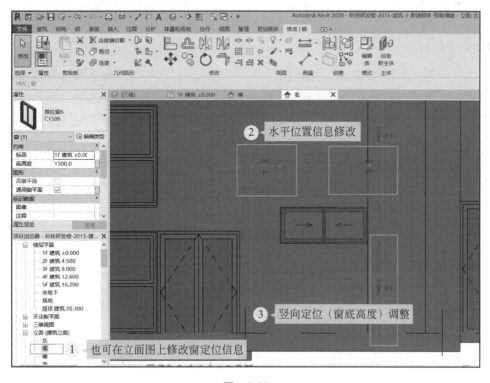

图 8-20

（6）依次选择"项目浏览器"中的"三维视图"→"三维"选项，将显示三维的窗效果，如图 8-21 所示。

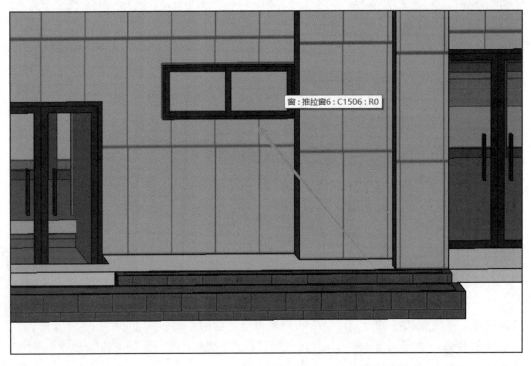

图　8-21

（7）其他窗的创建方法与此相同，可以根据图纸和尺寸创建并放置到精确的位置上。

任务评价

本任务基于 BIM 建筑窗工作过程开展，考核采用过程性考核与结果性考核相结合的方式，强调课程内容考核与评价的整体性。具体考核内容包含综合表现、项目模型建立过程评价、工匠精神表现、任务答辩四方面。具体考核方式参见表 8-3 和表 8-4。

表 8-3　实训任务实施报告书

实训任务					
班级		姓名		学号	
任务实施报告					
任务实施过程： 任务总结： 					

表 8-4　建筑窗的创建与布置实训任务评价表

班级_____　　　　任课教师_____　　　　日期_____

序号	评价项目	评价标准	满分	评价			综合得分
				自评	互评	师评	
1	综合表现	1. 迟到、早退扣 2 分，旷课扣 5 分（此项只扣分不加分）； 2. 课堂学习态度积极、纪律好，主动参与课程思考，动手能力强（15 分）； 3. 实施报告书内容真实可靠、条理清晰、逻辑性强（5 分）	20				
2	项目模型建立过程评价	1. 正确使用 Revit 2020 软件完成建筑窗的创建与布置（30 分）； 2. 建模精准度高、速度快，符合制图标准（20 分）	50				
3	工匠精神表现	1. 实训体现爱岗敬业、精益求精、不断创新的工匠精神（5 分）； 2. 组内活动参与度，团队协作意识（5 分）	10				
4	任务答辩	1. 解决实际问题的能力（10 分）； 2. 组内协调能力及独立创建与布置构件的能力（10 分）	20				

任务 8.3　创建门窗明细表

任务学习目标

能运用正确的选项卡进行门窗明细表的创建以及分类汇总。

任务引入

门窗明细表的作用是直观详细地了解整栋建筑的门窗类别与数量使用情况，创建过程也相对简单，绘制完成的"建筑"模型可以直接通过软件生成门窗明细表。

任务实施

1. 门明细表绘制

（1）单击"视图"选项卡，进入"创建"面板，单击"明细表"按钮，在下拉框中找到"明细表/数量"如图 8-22 所示，即可弹出"新建明细表"对话框。

（2）在"新建明细表"对话框中，在左侧"类别"下拉列表中找到"门"，单击"确定"按钮即可进入"门明细表"的创建，如图 8-23 所示。

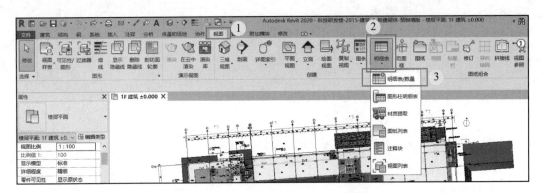

图　8-22

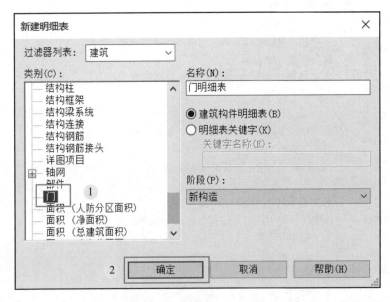

图　8-23

（3）在弹出的"明细表属性"对话框中定义表格属性。首先在"字段"页签下方的"可用的字段"框格中双击门明细表所需的信息，如"合计"，即可快速添加至右侧"明细表字段"区域，图中依次选择了"类型""宽度""高度""底高度""标高"和"合计"字段，如果误选了某一字段至右侧框中，也可在右侧框中双击该字段进行移除，如图 8-24 所示。

（4）添加不同门的排序方式。在"排序 / 成组"页签中，在第一行的"排序方式"中选择"类型"，第三行的"否则按"中选择"标高"，最后单击"确定"按钮，以此来定义表中门的排列方式为同类型门中按"标高"来排列，如图 8-25 所示。

（5）生成的"门明细表"如图 8-26 所示。

（6）如果想查看该建筑 1 层内的全部门信息，可在"属性"选项卡中单击"过滤器"后的"编辑"按钮，即可在弹出的"明细表属性"对话框中，在"过滤条件"后的下拉框中选择"标高"，在该行右侧下拉框中选择"1F 建筑 ±0.000"，单击"确定"按钮即可对门明细表进行信息筛选，如图 8-27 所示。

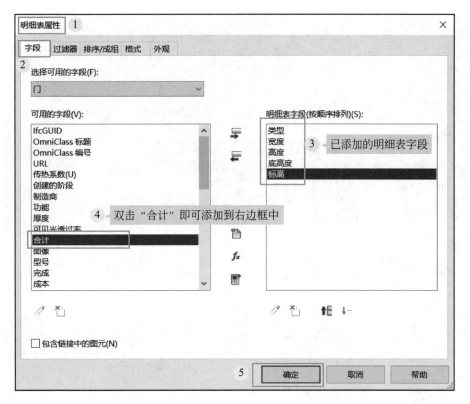

图　8-24

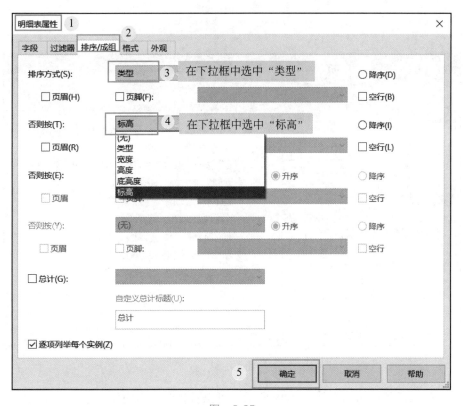

图　8-25

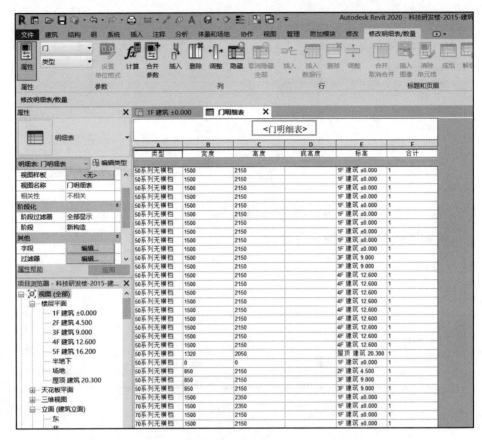

图　8-26

图　8-27

（7）筛选后的门明细表如图 8-28 所示，可以看到此时表内仅列出了 1 层内的门。

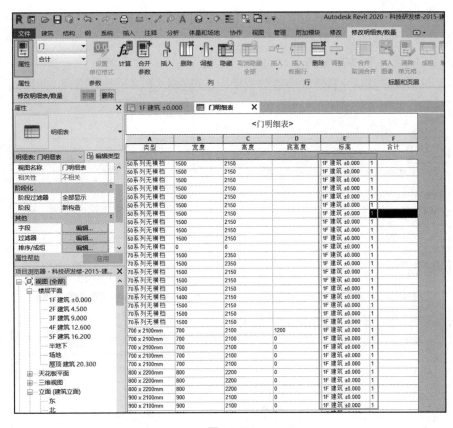

图 8-28

2. 窗明细表绘制

（1）单击"视图"选项卡，进入"创建"面板，单击"明细表"按钮，在下拉框中找到"明细表/数量"，即可弹出"新建明细表"对话框，在左侧"类别"下拉列表中找到"窗"，单击"确定"按钮即可进入"窗明细表"的创建，如图 8-29 所示。

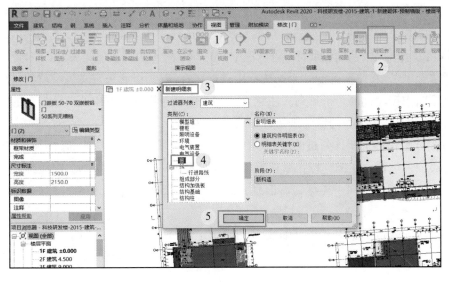

图 8-29

（2）在弹出的"明细表属性"对话框中定义表格属性。首先在"字段"页签下方的"可用的字段"框格中双击窗明细表所需的信息，如"合计"，即可快速添加至右侧"明细表字段"区域，图中依次选择了"类型""宽度""高度""底高度""标高"和"合计"字段，如果误选了某一字段添加至右侧框中，也可在右侧"明细表字段"框中双击该字段进行移除，如图 8-30 所示。

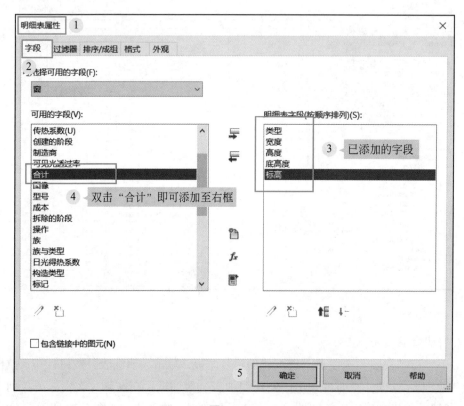

图　8-30

（3）生成的"窗明细表"如图 8-31 所示。

（4）添加不同窗的排序方式。可在"属性"选项板中单击"排序 / 成组"后的"编辑"，即可在弹出的"明细表属性"对话框中，在"排序 / 成组"页签第一行的"排序方式"中选择"类型"，在第三行的"否则按"中选择"标高"，以此来定义表中窗的排列方式为同类型窗中按"标高"来排列。注意，此时要取消对话框左下角处默认勾选的"逐项列举每个实例"，单击"确定"按钮，如图 8-32 所示。

（5）对比观察重新排列过的"门明细表"与"窗明细表"。与前面"门明细表"中勾选"逐项列举每个实例"按钮后所有门单独列项不同的是，此时的"窗明细表"中已自动合计同一楼层中同一类型的窗信息，具体可见"窗明细表"最后一列的合计数据，如图 8-33 所示。

（6）前面创建的门、窗明细表都可在"项目浏览器"→"明细表 / 数量（全部）"→"窗明细表"和"门明细表"中找到，双击各明细表即可查看或编辑，如图 8-34 所示。

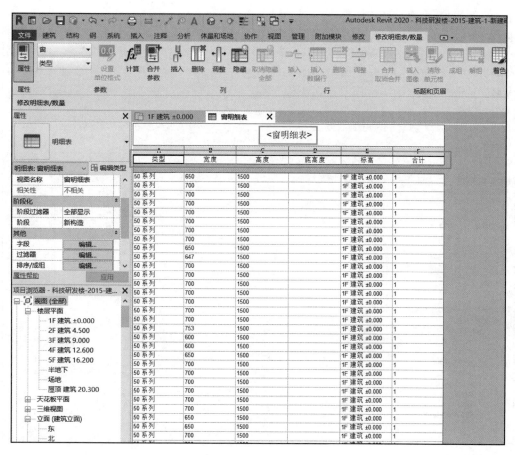

图　8-31

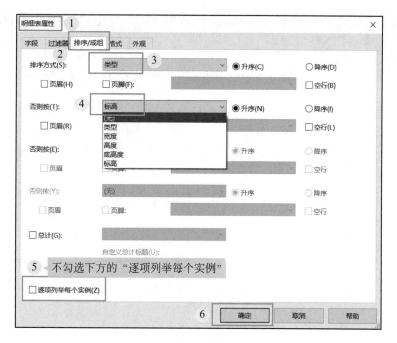

图　8-32

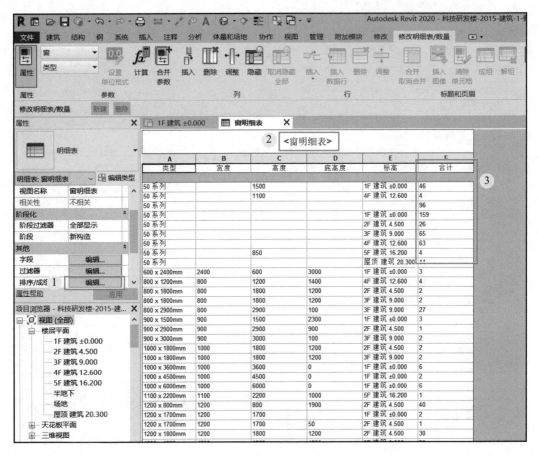

图　8-33

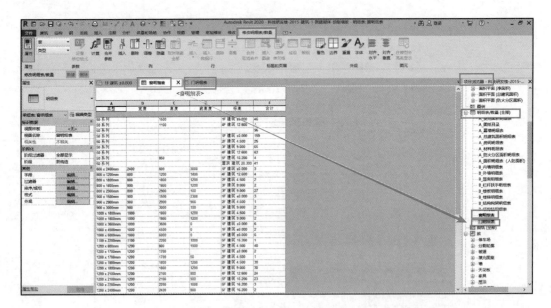

图　8-34

任务评价

本任务基于 BIM 建筑门窗明细表工作过程开展，考核采用过程性考核与结果性考核相结合的方式，强调课程内容考核与评价的整体性。具体考核内容包含综合表现、项目模型建立过程评价、工匠精神表现、任务答辩四方面。具体考核方式参见表 8-5 和表 8-6。

表 8-5   实训任务实施报告书

实训任务					
班级		姓名		学号	
任务实施报告					
任务实施过程：					
任务总结：					

表 8-6   建筑门窗明细表的创建与布置实训任务评价表

班级_____   任课教师_____   日期_____

序号	评价项目	评价标准	满分	评价			综合得分
				自评	互评	师评	
1	综合表现	1.迟到、早退扣 2 分，旷课扣 5 分（此项只扣分不加分）； 2.课堂学习态度积极、纪律好，主动参与课程思考，动手能力强（15 分）； 3.实施报告书内容真实可靠、条理清晰、逻辑性强（5 分）	20				
2	项目模型建立过程评价	1.正确使用 Revit 2020 软件完成建筑门窗明细表的创建与布置（30 分）； 2.建模精准度高、速度快，符合制图标准（20 分）	50				
3	工匠精神表现	1.实训体现爱岗敬业、精益求精、不断创新的工匠精神（5 分）； 2.组内活动参与度，团队协作意识（5 分）	10				
4	任务答辩	1.解决实际问题的能力（10 分）； 2.组内协调能力及独立创建与布置构件的能力（10 分）	20				

学习笔记

项目 9　建筑面层、楼梯、散水及坡道

📖 项目描述

　　建筑面层通常指装饰层，是楼地层中的楼地面。本项目中集合多种类型建筑面层，具体做法见"建筑构造统一做法表"和"装修做法选用表"。

　　楼梯是楼层间垂直交通用的构件，在电梯为主要垂直交通工具的高层或超高层建筑中，楼梯也是必需的火灾逃生通道。本项目中涉及平行多跑楼梯、平行双跑楼梯、环电梯三跑楼梯等。

　　散水是布置在房屋外墙四周、有一定坡度的散水坡。本项目中散水已在图上表示宽度信息及分布范围，具体构造做法见图集《室外工程》（苏 J08—2006）。

　　坡道和楼梯的作用相似，是垂直交通所需的构件。在无法建立类似台阶的坡道或"无障碍"设计中坡道是必不可少的部分。本项目中涉及汽车坡道、自行车坡道及无障碍坡道，具体做法详见所引图集。

　　本项目以江苏城乡建设职业学院科技研发楼工程为载体，以建筑面层、楼梯、散水、坡道为对象，从工程师的角度，剖析 Revit 在实际项目中的应用方法以及当前常规构件创建与绘制方法。本项目突破常规的建模思路，以项目为切入点，采用不同的族进行建筑面层及楼梯等的创建和布置。

📝 项目实训目的

　　1. 通过本项目学习，结合实训项目图纸，提高学生熟练运用 Revit 2020 创建和编辑面层的能力。

　　2. 通过本项目学习，结合实训项目图纸，提高学生熟练运用 Revit 2020 创建和编辑楼梯的能力。

　　3. 通过本项目学习，结合实训项目图纸，提高学生熟练运用 Revit 2020 创建和编辑散水、坡道的能力。

📖 项目实施准备

　　1. 阅读工作任务，识读实训项目图纸，明确建筑面层及楼梯、坡道、

散水等的类型，以及混凝土强度等级、尺寸、标高、定位、属性等关键信息，熟悉不同构件在图纸中的布置位置，确保建筑模型创建及布置的正确性。

2. 围绕不同的建筑面层、楼梯、坡道、散水类型，结合项目图纸，熟悉 Revit 2020 软件自带族类型，确定是否创建项目族文件。

3. 结合工作任务分析建筑面层、楼梯、散水、坡道等中的难点和常见问题。

项目任务实施

任务 9.1　绘制建筑面层

任务学习目标

（1）能运用正确的选项卡进行建筑面层的定义。

（2）能正确识读项目图纸，运用 Revit 2020 绘制建筑面层。

任务引入

楼地层包括楼板层和地坪层。楼板层包括面层、结构层、顶棚和附加层；地坪层包括面层、结构层、垫层和土层。其中结构层的建模已在结构模型中体现，本任务结合科技研发楼项目来介绍楼地层中建筑面层的定义与创建过程。Revit 2020 中使用"建筑楼板"来进行建筑面层的建模。

任务实施

1. 链接"建施 15-二层平面图"

进入"链接 CAD"对话框，勾选"仅当前视图"选型，"图层 / 标高"选择"可见"，"导入单位"选择"毫米"，"定位"选择"自动 - 原点到原点"，右下角"放置于"选择"2F 建筑 4.500"，其他设置选项按默认设置不调整，单击"打开"按钮导入图纸，如图 9-1 所示。

微课：创建建筑面层

2. 建筑面层绘制

（1）双击"项目浏览器"中的"楼层平面"，双击"2F 建筑 4.500"打开二层平面视图，依次单击"建筑"选项卡→"构建"面板→"楼板"工具→"楼板：建筑"按钮，如图 9-2 所示。

（2）在"类型选择器"中指定楼板类型。单击"属性"面板，选择"类型"为"楼板"，单击"编辑类型"按钮，进入"类型属性"对话框，单击"复制"按钮，复制一个新的楼板，输入类型名称，按照"专业代号 - 面层厚度 - 面层 - 材质"的规则命名面层，本项目中科技研发楼所用建筑面层材料种类丰富，本节以科技研发楼二层平面中 1~3 轴与 G~F 轴间的大会议室的建筑面层——"网络地板楼面"为例，厚度为 100mm，可命名为"A-100- 面层 - 塑料网络地板"，参数设置如图 9-3 所示。

（3）设置建筑面层层次及相关信息。打开"编辑部件"对话框，使用"插入"按钮分别插入"面层 1[4]"并设置厚度为 10、材质为"地毯"（建筑面层最外层）；使用"向上"

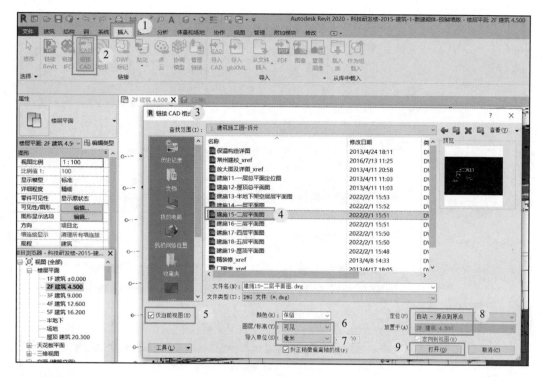

图　9-1

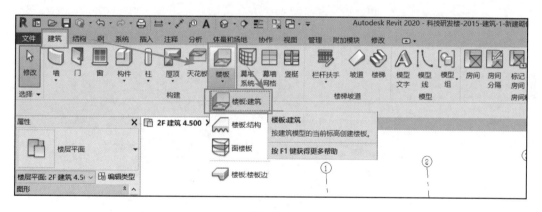

图　9-2

按钮将此面层向上移动至"核心边界"的外侧；同理使用"插入"按钮和"向下"按钮设置面层中靠近结构层的"水泥砂浆"层（建筑面层最内层），此外，在核心边界之内的组成部分默认为"结构层"，也需要手动将其修改为"面层 1[4]"，并修改其材质为"塑料网络地板"，厚度为 60，如图 9-4 所示。

（4）修改"材质"信息时，当在"材质浏览器"对话框中无法搜到所需的"塑料网络地板"时，可单击"材质库"下排的第二个"添加"图标→"新建材质"，此时上方"材质库"中会出现新增的"默认为新材质"项，可直接双击并修改其名称为"塑料网络地板"，单击"确定"按钮完成此新材质的定义，如图 9-5 所示。

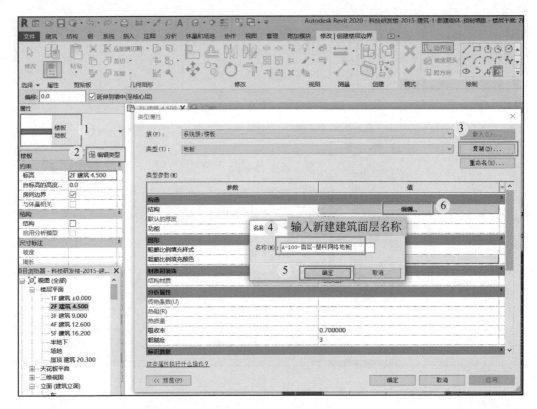

图 9-3

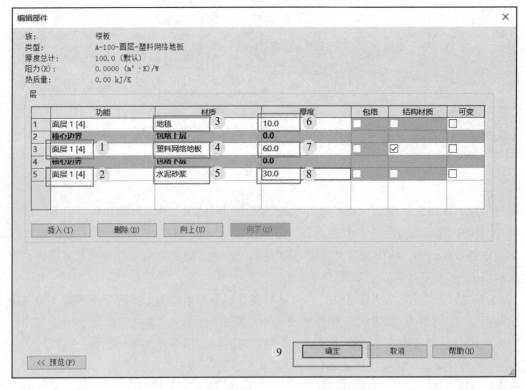

图 9-4

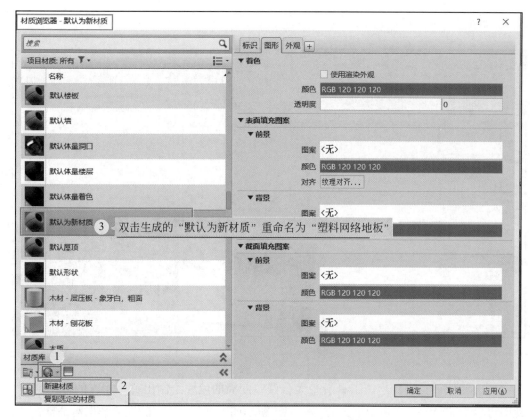

图　9-5

（5）修改完面层的各组成及相关信息后，回到"类型属性"对话框中，单击"确定"按钮即可完成面层的创建，如图 9-6 所示，可单击对话框左下方的"预览"按钮来检查定义的面层结构正确性。

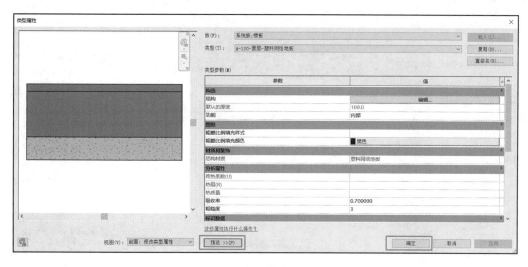

图　9-6

（6）在"修改|创建楼层边界"选项栏中选择"偏移"→0.0、勾选"延伸到墙中（至核心层）"，选择"边界线"→"直线"工具在 2F 楼层平面绘制大会议室楼板层的边界线，

如图 9-7 所示。

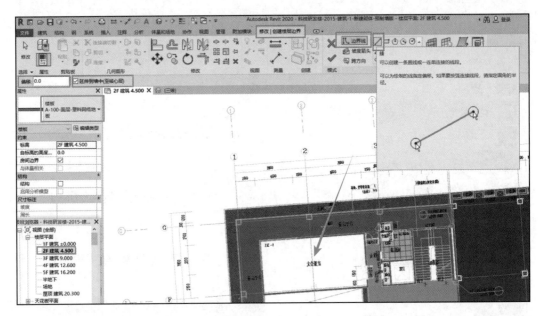

图　9-7

（7）使用"直线"绘图工具沿着大会议室四周的墙线绘制出首尾相连的封闭区域，此时可单击"模式"面板中下方的"√"按钮，如图 9-8 所示。随即会弹出对话框："是否希望将高达此楼层标高的墙附着到此楼层的底部？"此处默认选项为"是"，切记要手动选择"否"按钮，如图 9-9 所示。

图　9-8

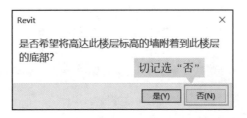

图　9-9

（8）此时已定义并绘制了大会议室的建筑面层，如图 9-10 所示。需要注意的是，在模型中，楼板相关构件不像其他墙体或者门窗构件容易拾取，以刚创建的大会议室建筑面层为例，如需查看某处楼板相关的信息，需要将光标移动到该楼板附近，通过多次按 Tab 键切换，当左下方状态栏内出现"楼板：楼板：A-100- 面层 - 塑料网络地板"信息时单击该楼板，即可选中该楼板并查看其相关信息。

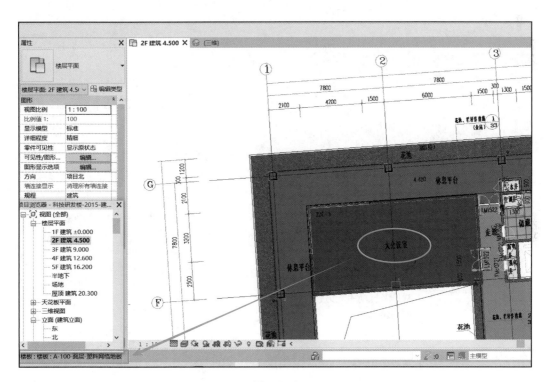

图　9-10

任务评价

本任务基于 BIM 建筑面层工作过程开展，考核采用过程性考核与结果性考核相结合的方式，强调课程内容考核与评价的整体性。具体考核内容包含综合表现、项目模型建立过程评价、工匠精神表现、任务答辩四方面。具体考核方式参见表 9-1 和表 9-2。

表 9-1 实训任务实施报告书

实训任务					
班级		姓名		学号	
任务实施报告					
任务实施过程： 任务总结：					

表 9-2 建筑面层的创建与布置实训任务评价表

班级_____ 任课教师_____ 日期_____

序号	评价项目	评价标准	满分	评价			综合得分
				自评	互评	师评	
1	综合表现	1. 迟到、早退扣 2 分，旷课扣 5 分（此项只扣分不加分）； 2. 课堂学习态度积极、纪律好，主动参与课程思考，动手能力强（15 分）； 3. 实施报告书内容真实可靠、条理清晰、逻辑性强（5 分）	20				
2	项目模型建立过程评价	1. 正确使用 Revit 2020 软件完成建筑面层的创建与布置（30 分）； 2. 建模精准度高、速度快，符合制图标准（20 分）	50				
3	工匠精神表现	1. 实训体现爱岗敬业、精益求精、不断创新的工匠精神（5 分）； 2. 组内活动参与度，团队协作意识（5 分）	10				
4	任务答辩	1. 解决实际问题的能力（10 分）； 2. 组内协调能力及独立创建与布置构件的能力（10 分）	20				

任务 9.2　绘制建筑楼梯

任务学习目标

（1）能运用正确的选项卡进行建筑楼梯的定义。

（2）能正确识读项目图纸绘制建筑楼梯。

任务引入

楼梯用于楼层间垂直交通，是建筑物中不可缺少的构件，如图 9-11 所示。在 Revit 中，楼梯的创建方法并不唯一，本任务以科技研发楼项目中"4# 楼梯"为例介绍最常用的平行双跑楼梯创建。

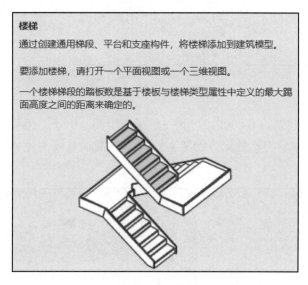

图　9-11　楼梯

任务实施

1. 链接"建施 14- 一层平面图"

进入"链接 CAD"对话框，勾选"仅当前视图"选型，"图层 / 标高"选择"可见"，"导入单位"选择"毫米"，"定位"选择"自动 - 原点到原点"，右下角"放置于"选择"1F 建筑 ± 0.000"，其他设置选项按默认设置不调整，单击"打开"按钮导入图纸，如图 9-12 和图 9-13 所示。

微课：创建楼梯

图　9-12

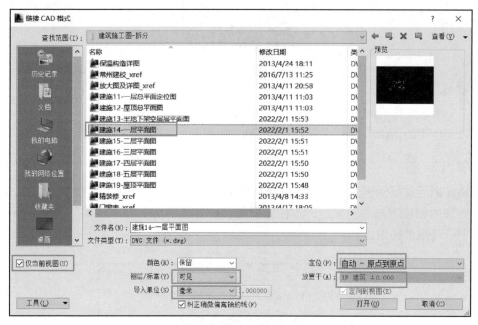

图 9-13

2. 楼梯绘制

（1）双击"1F 建筑 ±0.000"，打开一层平面视图。由于"楼板"与"楼梯"的模型着色十分接近，影响表达效果，如图 9-14 所示，故在建模前先通过过滤器功能暂时隐藏楼板。

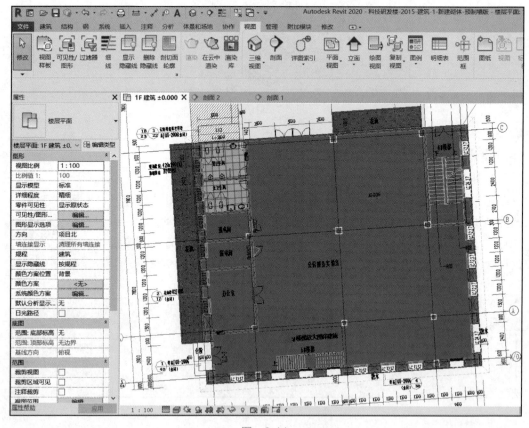

图 9-14

（2）创建新过滤器。在"视图"选项卡中选择"过滤器"按钮，在弹出的"过滤器"对话框中，单击左下角第一个"创建新过滤器"图标，双击新生成的"过滤器 1"将其重命名为"楼板隐藏"，在对话框中间"类别"栏目下拉列表中找到"楼板"并勾选，勾选后对话框右侧的"过滤器规则"栏中会自动跳出刚刚选中的"楼板"，单击"确定"按钮即生成用于隐藏楼板的过滤器，如图 9-15 所示。

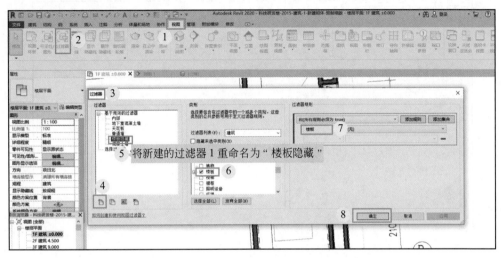

图 9-15

（3）使用过滤功能。单击"视图"选项卡→"可见性 / 图形"按钮，在弹出的"楼层平面：1F 建筑 ±0.000 的可见性 / 图形替换"对话框的"过滤器"页签中，单击左下角的"添加"按钮，在出现的"添加过滤器"对话框中选中新建的"楼板隐藏"，单击"确定"按钮，即可设置该过滤器的启用，如图 9-16 所示。

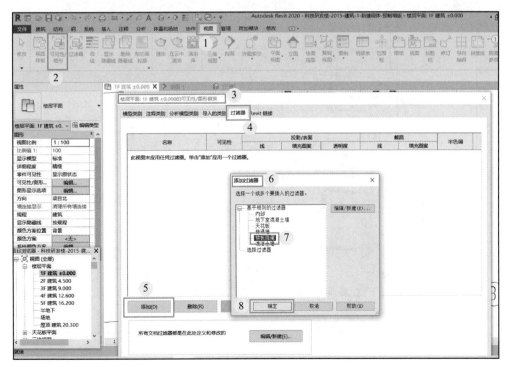

图 9-16

（4）楼板的"隐藏"与"显示"开关。在添加了"楼板隐藏"过滤器后，在"过滤器"页签下出现新增的"楼板隐藏"条目，手动取消勾选"可见性"按钮，依次单击对话框右下方的"应用"和"确定"按钮，如图9-17所示。此时模型区域的所有"楼板"构件已被过滤不再显示，如图9-18所示。

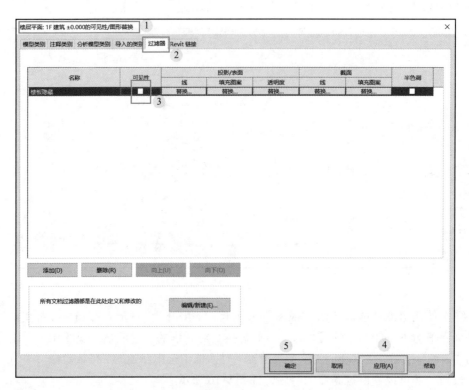

图 9-17

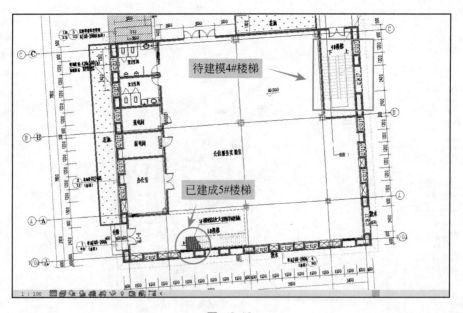

图 9-18

（5）楼梯"参考平面"的绘制。依次单击"建筑"选项卡→"工作平面"面板→"参照平面"按钮，使用"修改|放置 参照平面"上下文选项中的绘制工具在 3~1/3 轴与 B~C 轴的相交范围内绘制参照平面，如图 9-19 所示。对照"建施 28 4# 楼梯放大图"找到楼梯大样，获取相关数据。

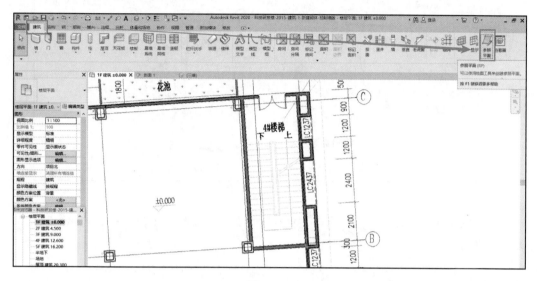

图　9-19

（6）绘制"参照平面"。在首层平面图中找到绘制楼梯的位置，放大绘图区域，然后在"修改|放置 参照平面"选项栏的"偏移"中输入 2200，按 Enter 键确定设置条件，再将光标沿着 C 轴从右向左绘制 C 轴线下侧的"参照平面 1"，如图 9-20 所示。接下来绘制参考平面 2：在"偏移"中输入 3900，按 Enter 键确定设置条件，再沿着刚生成的参考平面 1 位置线，从左向右绘制出"参照平面 2"，如图 9-21 所示。

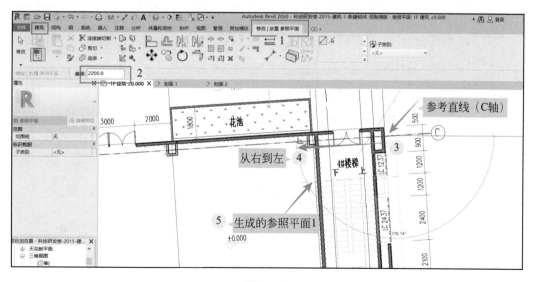

图　9-20

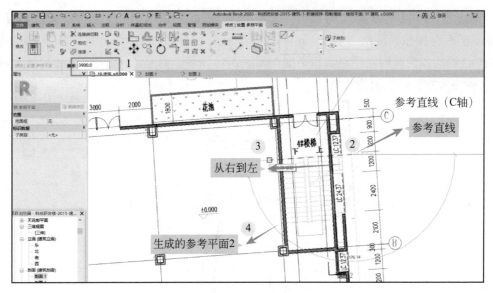

图 9-21

（7）依次单击"建筑"选项卡→"楼梯"面板→"楼梯"工具，进入楼梯绘制，如图 9-22 所示。

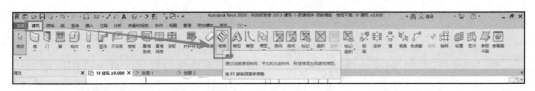

图 9-22

（8）单击"属性"选项板中的"编辑类型"按钮，选择"系统族：现场浇注楼梯"，在"类型属性"对话框中单击"复制"按钮，输入类型名称，按照"专业代号 - 楼梯代号"的规则命名楼梯，此 4# 楼梯可命名为 A-LT1，如图 9-23 所示。

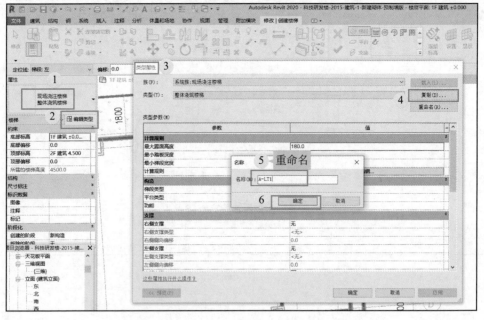

图 9-23

（9）楼梯具体参数的设置。在楼梯的"类型属性"对话框中，设置"最大踢面高度"为 180，"最小踏板深度"为 280，"最小梯段宽度"为 1000，"梯段类型"为"150mm 结构深度"，"平台类型"为"300mm 厚度"，"功能"为"内部"。设置完后单击"确定"按钮退出，如图 9-24 所示。

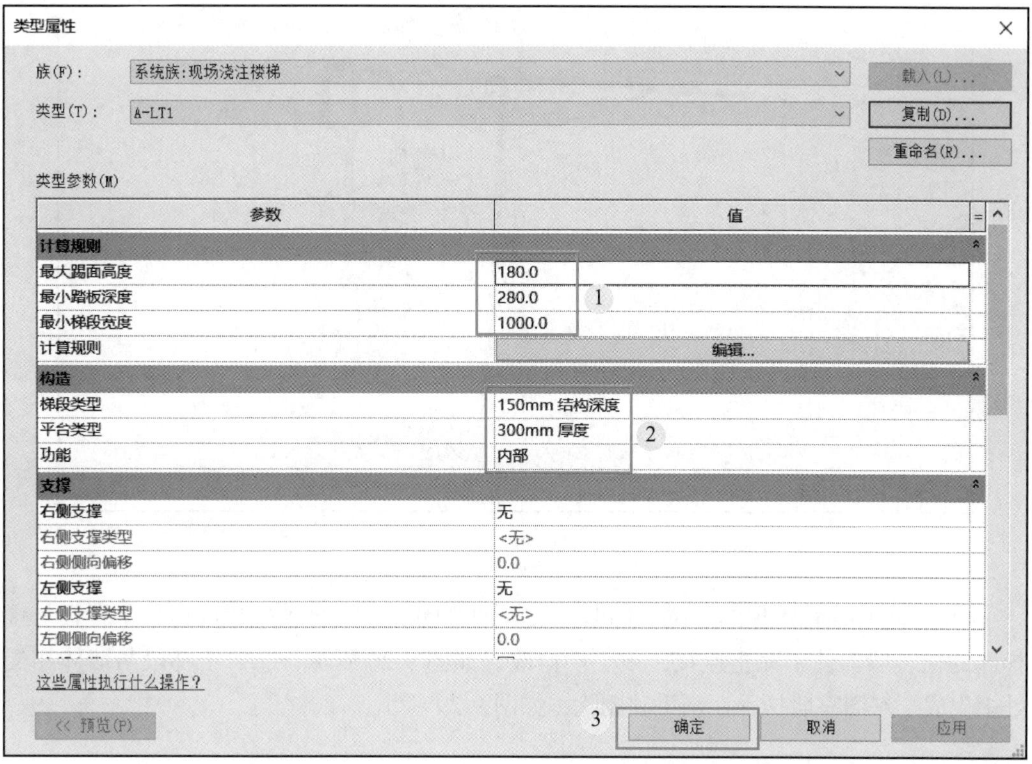

图　9-24

（10）构建楼梯。在"修改|创建楼梯"选项栏中单击"直梯"按钮，进入楼梯的绘制模式。

（11）设置楼梯尺寸及位置。识读楼梯大样图可得该楼梯细部尺寸。在"属性"选项板中，设置"底部标高"为"1F 建筑 ±0.000"平面、"底部偏移"为 0、"顶部标高"为"2F 建筑 4.500"平面、"顶部偏移"为 0，确定楼梯的起始和终止高度。通过设置"所需踢面数"为 28，可以调整"实际踢面高度"为 160.7mm（"实际踢面高度"为程序自动计算，不需要手动输入），同时调整"实际踏板深度"为 300。

在选项栏中设置"定位线"为"梯段：左"对齐，"偏移"为 0，"实际梯段宽度"为 1350，并且勾选"自动平台"选项，作用是画好的两跑楼梯之间会自动生成楼梯的休息平台，如图 9-25 所示。注意，此处"定位线"设置为"梯段：左"对齐是因本例楼梯梯段是从楼梯间右上角起步，绘制不同梯段时要根据实际情况来决定定位线位置。

（12）绘制楼梯梯段。光标捕捉楼梯第一段梯段的起始点（图中点 1，为参考平面 1 与 1/3 轴的交点），沿 1/3 轴线方向向下绘制至梯段终点位置（图中点 2，为参考平面 2 与 1/3 轴的交点），光标再捕捉到楼梯第二段梯段的起始位置（图中点 3，为参考平面 2 与 3 轴的交点），沿 3 轴方向向上绘制至梯段的终点位置（图中点 4，为参考平面 1 与 3

轴的交点）。两跑楼段之间会自动生成中间休息平台。

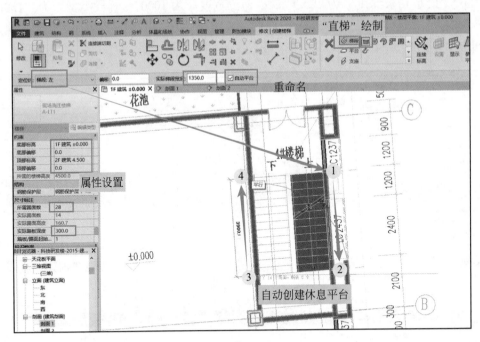

图 9-25

（13）此时查看楼梯的三维视图时，发现两个问题：①自动生成的休息平台板与楼梯间的柱、墙构件未完整连接，须手动修改，如图 9-26 所示；②每个梯段与墙体相交处多生成了一圈靠墙扶手，须手动删除，如图 9-29 所示。

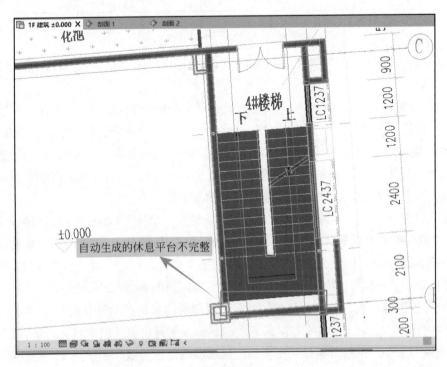

图 9-26

（14）修改休息平台边界。单击选中自动生成休息平台的下侧边界线，移动边界线上的"三角形"将其下拉至与 B 轴位置，与墙线重合，在"修改｜创建楼梯"功能区选项卡的"√｜×"选项板中单击"√"按钮，完成楼梯的初步绘制，如图 9-27 所示。

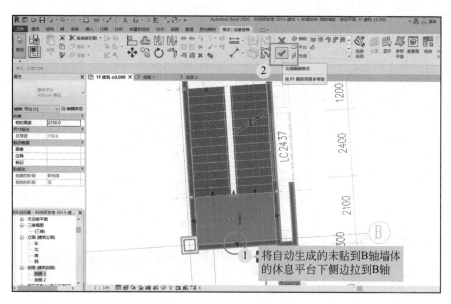

图　9-27

（15）修改多余的栏杆扶手。单击"视图"选项卡→"剖面"按钮，在"1F 建筑 ±0.000"平面视图内该楼梯间的进深方向，通过手动绘制剖面线的方式来生成剖面图，图 9-28 中生成了"剖面 1"和"剖面 2"。

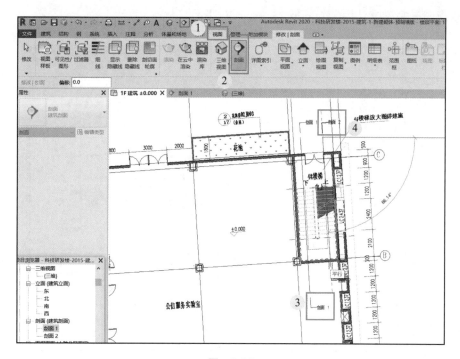

图　9-28

（16）依次进入"项目浏览器"→"剖面"→"剖面 2"，双击打开该剖面视图，对照楼梯首层平面图及"剖面 2"的剖切投影方向可知，在"剖面 2"视图中其一层位置处所见栏杆扶手即为梯段与墙体连接处多余生成的栏杆扶手，在图中选中该栏杆扶手并右击选择"删除"，如图 9-29 所示。

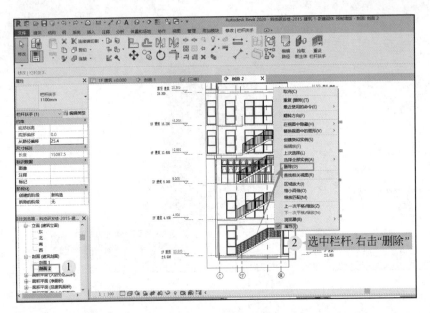

图　9-29

（17）修改梯井处栏杆扶手信息。依次进入"项目浏览器"→"剖面"→"剖面 1"，双击打开该剖面视图，选中一层位置处的栏杆扶手，在"属性"选项板中可知栏杆扶手自动生成时其高度默认为 1100mm，如图 9-30 所示。

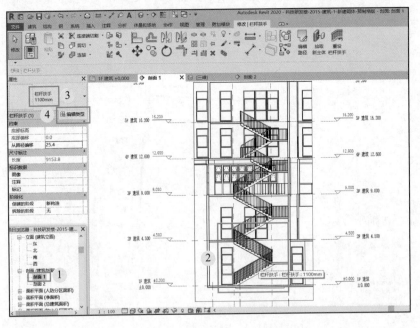

图　9-30

（18）单击"属性"选项板，选择"类型"为"栏杆扶手1100mm"，单击"编辑类型"按钮，进入"类型属性"对话框，单击"复制"按钮，复制一个新的栏杆扶手，输入类型名称，按照"专业代号 - 栏杆高度 - 材质栏杆"的规则命名，本项目中科技研发楼4#楼梯所用栏杆为900mm高不锈钢栏杆，可命名为"A-900-不锈钢栏杆"，并将其"顶部扶栏"的"高度"修改为900，参数设置如图9-31所示。

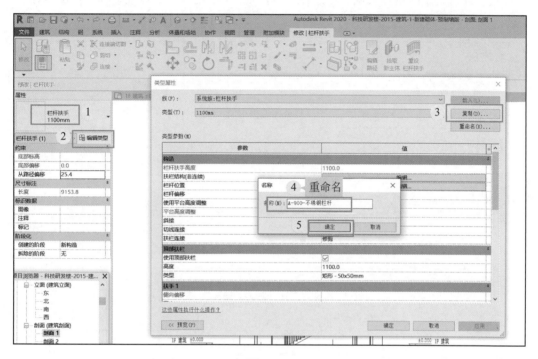

图　9-31

（19）依次选择"项目浏览器"中的"三维视图"→"三维"选项，最终生成的4#楼梯三维剖切图如图9-32所示。

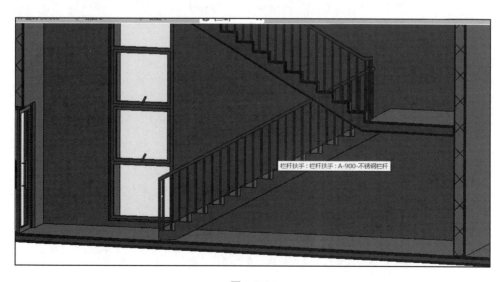

图　9-32

（20）其他楼梯的创建方法与此相同，可以根据图纸和尺寸创建并放置到精确的位置上。

任务评价

本任务基于 BIM 建筑楼梯工作过程开展，考核采用过程性考核与结果性考核相结合的方式，强调课程内容考核与评价的整体性。具体考核内容包含综合表现、项目模型建立过程评价、工匠精神表现、任务答辩四方面。具体考核方式参见表 9-3 和表 9-4。

表 9-3　实训任务实施报告书

实训任务					
班级		姓名		学号	
任务实施报告					
任务实施过程： 任务总结：					

表 9-4　建筑楼梯的创建与布置实训任务评价表

班级_____　　　　任课教师_____　　　　日期_____

序号	评价项目	评价标准	满分	评价			综合得分
				自评	互评	师评	
1	综合表现	1. 迟到、早退扣 2 分，旷课扣 5 分（此项只扣分不加分）； 2. 课堂学习态度积极、纪律好，主动参与课程思考，动手能力强（15 分）； 3. 实施报告书内容真实可靠、条理清晰、逻辑性强（5 分）	20				
2	项目模型建立过程评价	1. 正确使用 Revit 2020 软件完成建筑楼梯的创建与布置（30 分）； 2. 建模精准度高、速度快，符合制图标准（20 分）	50				
3	工匠精神表现	1. 实训体现爱岗敬业、精益求精、不断创新的工匠精神（5 分）； 2. 组内活动参与度，团队协作意识（5 分）	10				
4	任务答辩	1. 解决实际问题的能力（10 分）； 2. 组内协调能力及独立创建与布置构件的能力（10 分）	20				

任务 9.3　绘制散水、坡道

任务学习目标

（1）能运用正确的选项卡进行散水、坡道的定义。

（2）能正确识读项目图纸绘制散水和坡道。

任务引入

在 Revit 中，可使用"墙：饰条"工具向墙中添加踢脚板、散水或其他类型的墙体装饰。与墙体创建不同，墙饰条创建需要打开立面视图或三维视图，如图 9-33 所示。散水的绘制方法并不唯一，本任务基于项目出发，采用"墙：饰条"来绘制散水，坡道的绘制则较为简单，与楼梯相似，需要先添加参考平面。

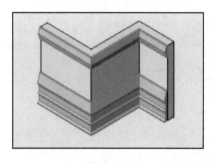

图　9-33

坡道是用于连接具有高差的地面、楼面的斜向交通通道，在商场、医院、酒店和机场等公共场合经常会见到各种坡道，有汽车坡道、自行车坡道等。接下来以首层 C~D 轴与 1/01~1 轴之间的无障碍坡道为例来创建坡道。Revit 提供了绘制坡道的工具，如图 9-34 所示。

图　9-34

任务实施

1. 链接"建施14- 一层平面图"

进入"链接CAD"对话框，勾选"仅当前视图"选型，"图层/标高"选择"可见"，"导入单位"选择"毫米"，"定位"选择"自动-原点到原点"，右下角"放置于"选择"1F建筑±0.000"，其他设置选项按默认设置不调整，单击"打开"按钮导入图纸，如图9-35和图9-36所示。

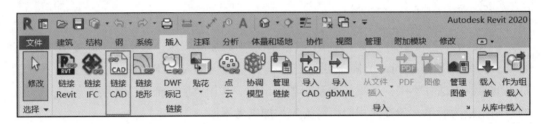

图 9-35

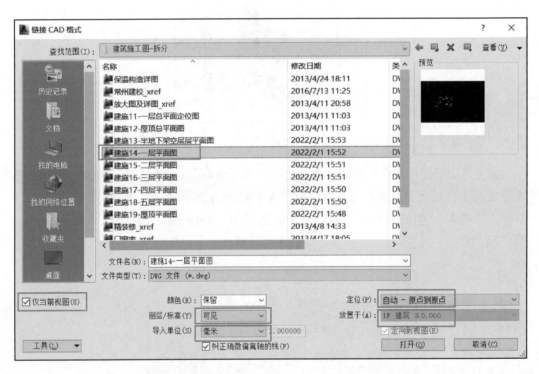

图 9-36

2. 建筑外墙散水绘制

（1）新建散水截面轮廓族。双击"项目浏览器"中的"楼层平面"，双击"1F 建筑±0.000"打开一层平面视图。依次单击"文件"菜单→"新建"工具，选择"族"文件→"公制轮廓"族样板文件，单击"打开"按钮，如图9-37所示。

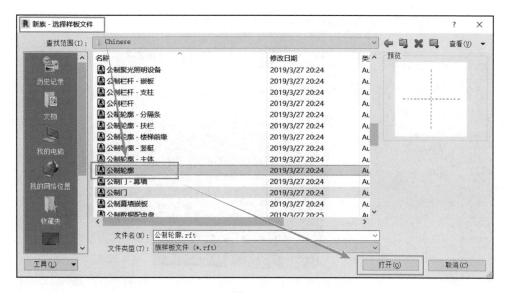

图　9-37

（2）以本项目中数字实验室东侧外墙为例进行创建，即 S8 轴上 SA~SD 轴间的外墙散水。使用"创建"选项卡中的"线"按钮，绘制首尾相连且封闭的散水截面轮廓，如图 9-38 所示。单击"保存"按钮，文件命名为"室外散水截面轮廓"，单击"族编辑器"面板中的"载入到项目"按钮，将创建好的散水截面轮廓载入到项目中。此新建散水坡度为 4%。

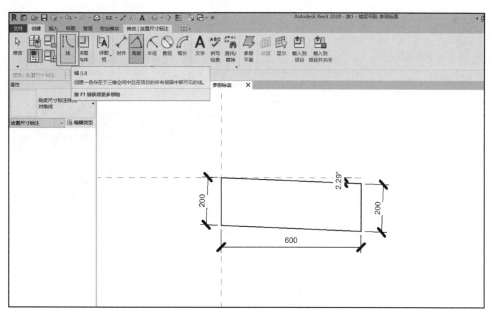

图　9-38

（3）双击"项目浏览器"→"三维视图"→"三维"，打开三维视图，选中数字实验室的东侧局部外墙，由于散水位于建筑外墙与室外地坪相交区域，由于室内外高差，常在建筑 ±0.000 标高以下，为更直观展示其与外墙的空间位置关系，现将"属性"选项板中墙"约束"的"底部偏移"改为 −800，如图 9-39 所示。

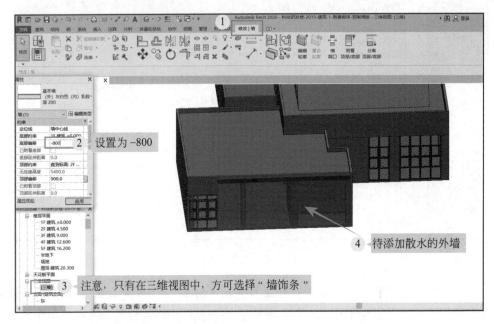

图　9-39

（4）单击"建筑"选项卡→"构建"面板→"墙"工具→"墙：饰条"按钮，如图 9-40 所示。注意，仅当切换至三维视图时方可选择"墙：饰条"选项。

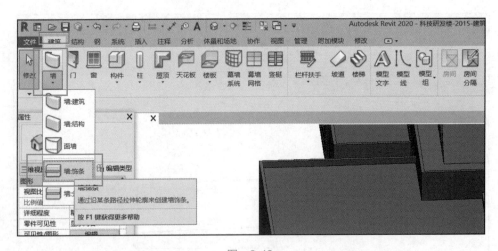

图　9-40

（5）单击"属性"选项板中的"编辑类型"按钮，在"类型属性"对话框中单击"复制"按钮，按照"专业代号 - 散水 - 散水宽度"的规则命名散水，输入类型名称为 A-SS-600。修改类型参数：勾选"被插入对象剪切"，即当墙饰条位置插入门窗洞口时将自动被洞口打断；"构造"中的"轮廓"选择新建的"室外散水截面轮廓"；"材质"选择"混凝土"；"墙的子类别"选择"无"；单击"确定"按钮退出"类型属性"编辑，如图 9-41 所示。

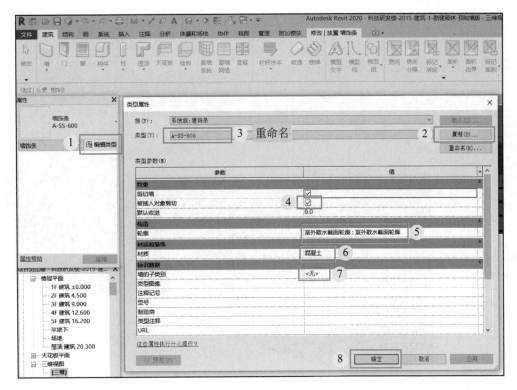

图 9-41

（6）确认"修改|放置 墙饰条"选项卡中墙饰条的生成方向为"水平"，即沿墙水平方向生成墙饰条，在三维视图中，单击拾取建筑外墙底部边缘，沿所拾取墙底部边缘生成散水，如图 9-42 所示。

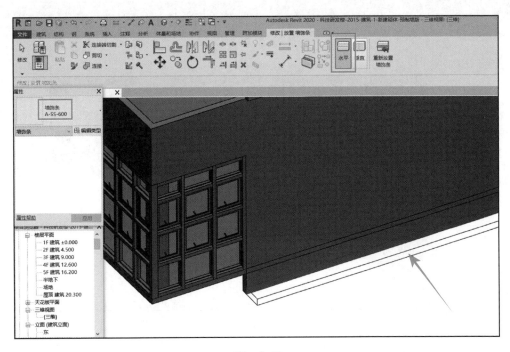

图 9-42

（7）对于上一步生成的外墙散水，由图纸中的详图可知散水低于室外地坪（标高为 –0.300m）约 300mm，单击选中此散水，在左侧"属性"选项板中将其"相对标高的偏移"改为 –600，如图 9-43 所示。

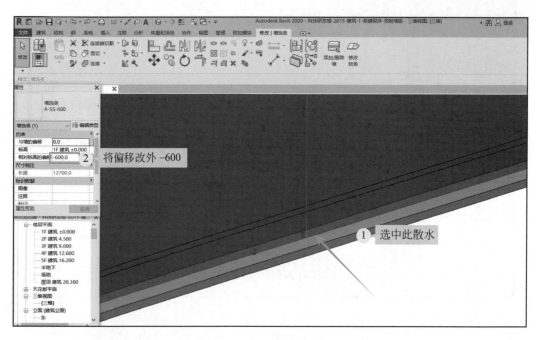

图 9-43

（8）最后生成的散水如图 9-44 所示，按照以上步骤进行其他位置散水的创建与布置。

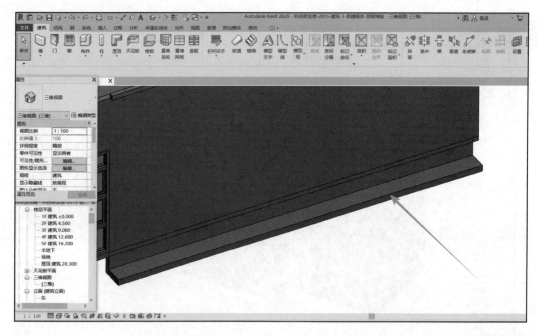

图 9-44

3. 坡道绘制

（1）双击"项目浏览器"中的"楼层平面"，双击"1F 建筑 ±0.000"打开一层平面视图。依次单击"建筑"选项卡→"工作平面"面板→"参照平面"按钮，移动光标在绘图区找到 C 轴与 1 轴交点附近位置的室外坡道，如图 9-45 所示。

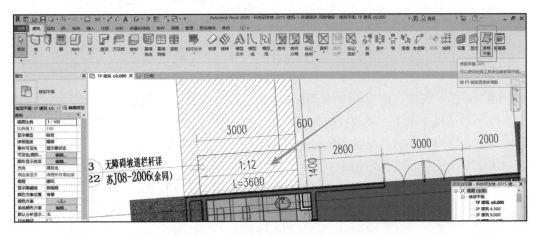

图　9-45

（2）绘制参照平面。找到绘制坡道的位置后，放大绘图区域，然后在"修改｜放置 参照平面"选项栏中的"偏移"输入 700，按 Enter 键确定。设定好绘制条件后，以 C 轴上方平行于 C 轴的外墙外边线为参照，移动光标沿着 C 轴方向从左向右画一段直线，即可得到位于坡道中轴线处的参照平面 1。接下来绘制参考平面 2：修改"偏移"为 300，按"回车键"确定，以 1 轴为参考从下至上画一段直线，即可生成参考平面 2。接下来绘制参考平面 3：修改"偏移"为 3600，按 Enter 键确定，以参考平面 2 为参考从下至上画一段直线，即可绘制出参照平面 3，如图 9-46 所示。

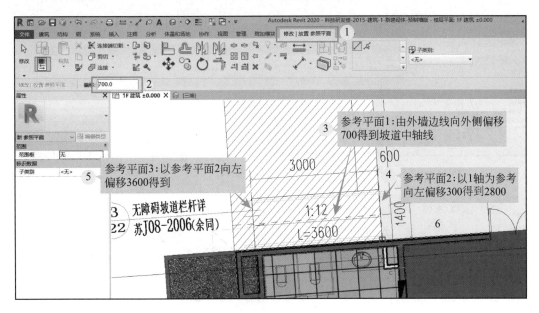

图　9-46

（3）单击"建筑"选项卡→"坡道"工具，如图 9-47 所示。

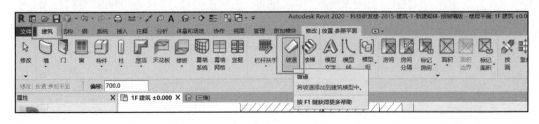

图 9-47

（4）单击"属性"选项板中的"编辑类型"按钮，选择"系统族：坡道"，在"类型属性"对话框中单击"复制"按钮，按照"专业代号 - 坡道编号"的规则命名坡道，输入类型名称为 A-PD1。设置"最大斜坡长度"为 3600；"坡道最大坡度"为 1/12。单击"确定"按钮退出坡道类型属性编辑，如图 9-48 和图 9-49 所示。

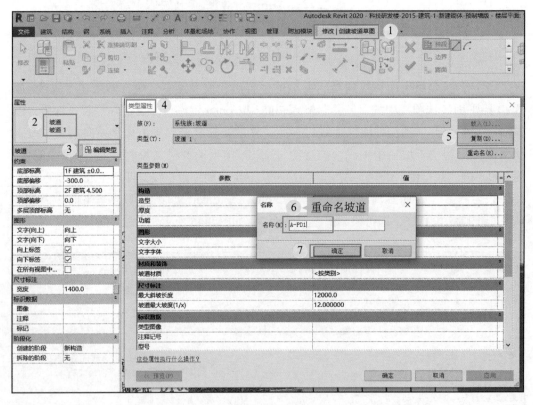

图 9-48

（5）依次选择"修改|创建坡道草图"上下文选项卡→"绘制"面板→"梯段"→"直线"工具。"属性"选项板参数："底部标高"为"1F 建筑 ±0.000"，"底部偏移"为 −300，"顶部标高"为"1F 建筑 ±0.000"，"顶部偏移"为 0，尺寸标注中的"宽度"设置为 1400。将光标移动至坡道的起点（参考平面 1 与参考平面 3 的交点）位置单击，再沿着参考平面 1 的方向从左至右移动至坡道终点（参考平面 1 与参考平面 2 的交点）

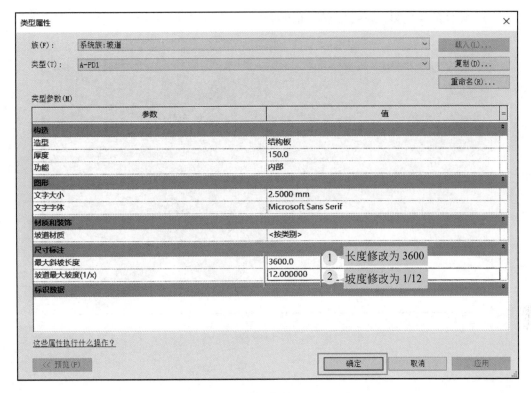

图　9-49

位置单击，单击"模式"面板中的"完成编辑模式"按钮完成坡道的绘制，如图 9-50 所示。

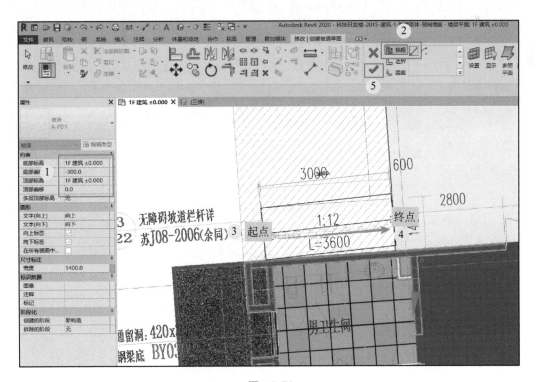

图　9-50

（6）转到三维视图，找到相应位置的坡道（A-PD1），如图 9-51 所示。

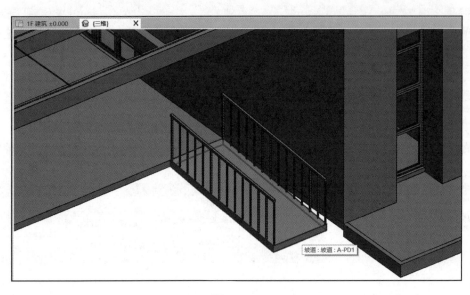

图 9-51

任务评价

本任务基于 BIM 建筑散水、坡道工作过程开展，考核采用过程性考核与结果性考核相结合的方式，强调课程内容考核与评价的整体性。具体考核内容包含综合表现、项目模型建立过程评价、工匠精神表现、任务答辩四方面。具体考核方式参见表 9-5 和表 9-6。

表 9-5 实训任务实施报告书

实训任务					
班级		姓名		学号	
任务实施报告					
任务实施过程： 任务总结： 					

表 9-6　建筑散水、坡道的创建与布置实训任务评价表

班级_____　　　　任课教师_____　　　　日期_____

序号	评价项目	评价标准	满分	评价			综合得分
				自评	互评	师评	
1	综合表现	1.迟到、早退扣2分，旷课扣5分（此项只扣分不加分）； 2.课堂学习态度积极、纪律好，主动参与课程思考，动手能力强（15分）； 3.实施报告书内容真实可靠、条理清晰、逻辑性强（5分）	20				
2	项目模型建立过程评价	1.正确使用 Revit 2020 软件完成建筑散水、坡道的创建与布置（30分）； 2.建模精准度高、速度快，符合制图标准（20分）	50				
3	工匠精神表现	1.实训体现爱岗敬业、精益求精、不断创新的工匠精神（5分）； 2.组内活动参与度，团队协作意识（5分）	10				
4	任务答辩	1.解决实际问题的能力（10分）； 2.组内协调能力及独立创建与布置构件的能力（10分）	20				

学习笔记

项目 10 建筑屋面

建筑屋面是指建筑物屋顶的表面，通常指屋脊和屋檐之间的部分，也是屋顶中面积较大的一部分。混凝土现浇楼面、水泥砂浆找平层、保温隔热层、防水层、水泥砂浆保护层、排水系统、女儿墙及避雷措施等均是屋面的一般构造。

建筑设计的"屋顶平面"是非常重要的一个平面视图。建筑屋顶形式变化多样，有时很难以二维线条精确表达出来。通过 Revit 的各种屋顶命令，可以快速地创建复杂的屋顶形状，并自动生成屋顶的平、立、剖等视图，极大地提升设计质量和效率。本项目以江苏城乡建设职业学院科技研发楼工程为载体，以迹线屋顶、玻璃雨棚为对象，以工程师的角度，剖析 Revit 在实际项目中的应用方法以及当前常规的屋顶创建与绘制方法。本项目突破常规的建模思路，以项目为切入点，采用不同的族进行建筑屋顶的创建和布置。

📝 项目实训目的

1. 通过本项目学习，结合实训项目图纸，提高学生熟练运用 Revit 2020 创建和编辑迹线屋顶的能力。

2. 通过本项目学习，结合实训项目图纸，提高学生熟练运用 Revit 2020 创建和编辑玻璃雨棚的能力。

📖 项目实施准备

1. 阅读工作任务，识读实训项目图纸，明确屋顶形式及构造组成、混凝土强度等级、尺寸、标高、定位、属性等关键信息，熟悉不同屋顶类型在图纸中的布置位置，确保屋顶模型创建及布置的正确性。

2. 围绕不同的屋顶类型，结合项目图纸，熟悉 Revit 2020 软件自带族类型，确定是否创建项目族文件。

3. 结合工作任务分析屋顶中的难点和常见问题。

任务 10.1　绘制迹线屋顶

任务学习目标

（1）能运用正确的选项卡进行迹线屋顶的定义。

（2）能正确识读项目图纸绘制迹线屋顶。

任务引入

在 Revit 中，建筑屋顶有三种常用的创建工具：迹线屋顶、拉伸屋顶和面屋顶，如图 10-1 所示。其中迹线屋顶常用来创建平屋顶和坡屋顶。本任务将使用"迹线屋顶"来创建科技研发楼项目中的数字实验室 4.000m 标高处、位于 S1~S4 轴与 SE~SB 轴之间的平屋顶。

图　10-1

任务实施

1. 链接"建施 15- 二层平面图"

进入"链接 CAD"对话框，勾选"仅当前视图"选型，"图层 / 标高"选择"可见"，"导入单位"选择"毫米"，"定位"选择"自动 - 原点到原点"，右下角"放置于"选择"2F 建筑 4.500"，其他设置选项按默认设置不调整，单击"打开"按钮导入图纸，如图 10-2 所示。

2. 迹线屋顶绘制

（1）双击"项目浏览器"中的"楼层平面"，双击"2F 建筑 4.500"打开二层平面视图。由于拟建屋顶的建筑标高为 4.000m，低于"2F 建筑 4.500"默认楼层标高 4.500m，故将二层平面视图的"视图深度"降至该标高以下，操作方法为：在"属性"选项板中，单击"范围"→"视图范围"→"编辑"按钮，在弹出的"视图范围"对话框中，将"主要范围"中的"底部""偏移"设置为 -500，再将"视图深度"中的"标高""偏移"也设置为 -500，单击"确定"按钮保存并退出，如图 10-3 所示。

微课：创建迹线屋顶

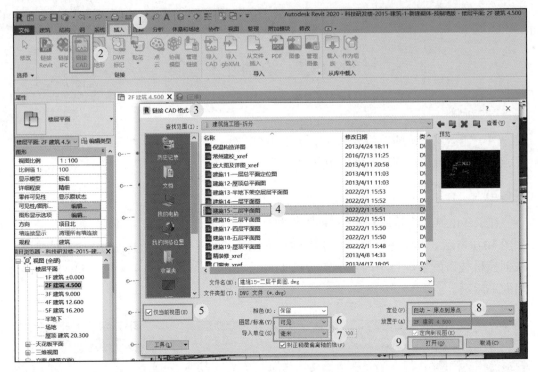

图 10-2

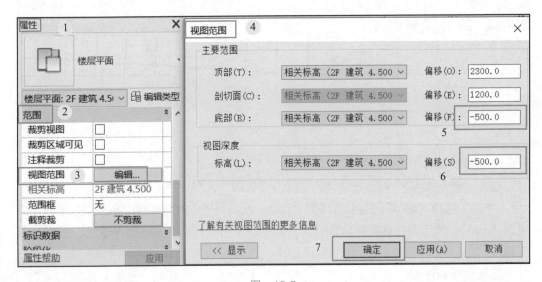

图 10-3

（2）创建迹线屋顶。依次单击"建筑"选项卡→"构建"面板→"屋顶"工具→"迹线屋顶"按钮，如图 10-4 所示。

（3）在发"类型选择器"中指定屋顶类型。单击"属性"选项板，选择"类型"为"基本屋顶 屋顶 200"，单击"编辑类型"按钮，进入"类型属性"对话框，单击"复制"按钮，复制一个新的屋顶，输入类型名称，按照"专业代号 - 厚度 - 材质屋顶"的规则命名屋顶，本项目中科技研发楼所用屋顶材料种类丰富，本节以数字实验室 4.000m 标高处、位于

S1~S4 轴与 SE~SB 轴之间的部分平屋顶为例，其材质为绿化屋顶，厚度为 400mm，可命名为 "A-400- 绿化屋顶"，参数设置如图 10-5 所示。

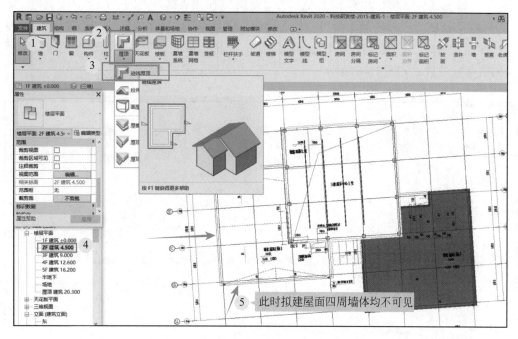

图 10-4

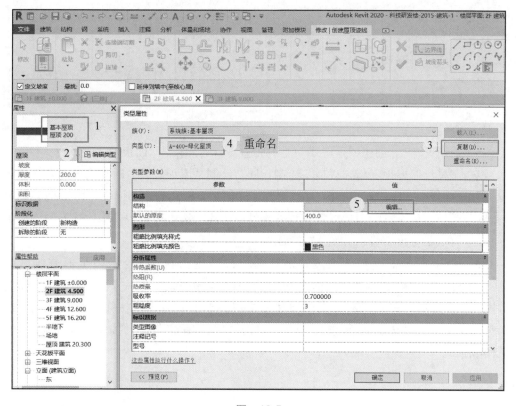

图 10-5

（4）设置屋顶构造组成及相关信息。单击屋顶"类型属性"对话框中的"构造"→"编辑"按钮，在出现的"编辑部件"对话框中，使用"插入"按钮分别插入"面层1"并设置其"厚度"为50、"材质"为"草皮"，使用表格下方的"向上"按钮将"面层1"移动至核心边界外部；再将"核心边界"间默认的"结构层"改为"衬底"并修改"厚度"为350，"材质"为"土壤-自然"，全部修改完后单击"确定"按钮完成屋顶构造参数设置，如图10-6所示。

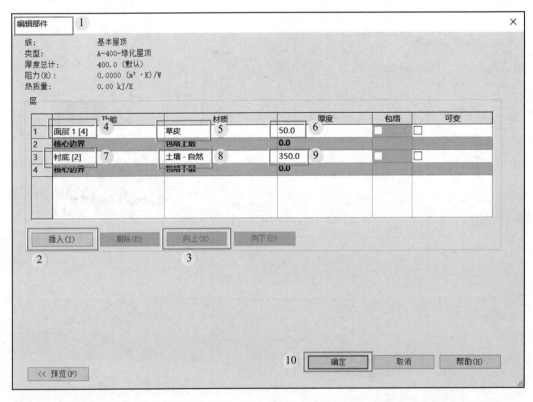

图 10-6

（5）使用"修改 | 创建屋顶迹线"上下文选项卡→"绘制"面板→"边界线"和"拾取：线"工具绘制屋顶。与"楼板"绘制相同，绘制"屋顶迹线"时也需要闭合。设置"属性"选项板中"底部标高"为"2F建筑4.500""自标高的底部偏移"为–500，设置好绘图参数后，依次选中拟建屋顶四周外墙的内边线，选中后每一外墙边线外侧均会出现"◁"样式的坡度符号，如图10-7所示。

（6）由于本例平屋顶无坡度，需统一修改坡度为0。在绘制完全部迹线后按ESC键退出绘制模式，接下来框选前面绘制的全部迹线，在左侧的"属性"选项板中，取消默认勾选的"定义屋顶坡度"按钮，单击"应用"按钮，此时迹线外侧的坡度符号全部消失，坡度修改完成，单击"完成编辑模式"按钮，如图10-8和图10-9所示。

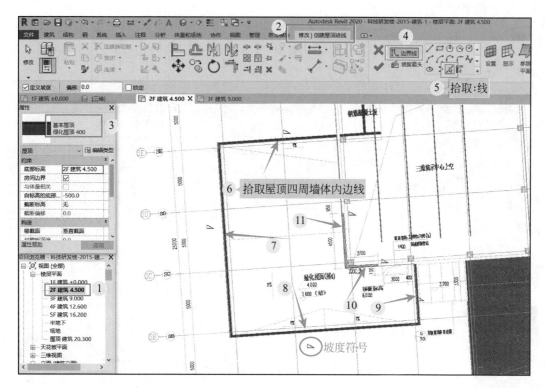

图 10-7

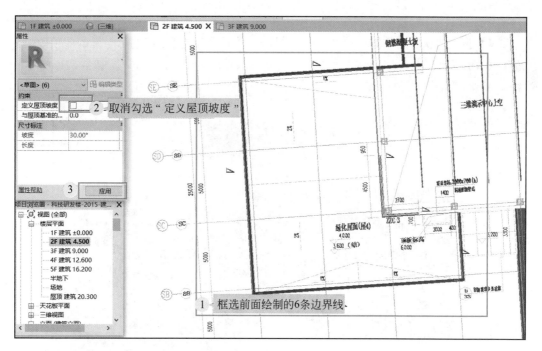

图 10-8

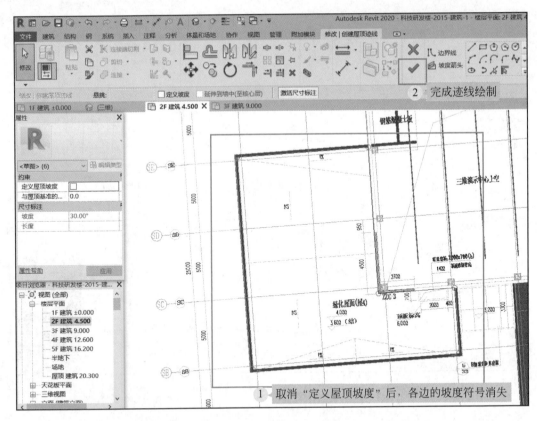

图 10-9

（7）选择"项目浏览器"→"三维视图"→"三维"选项，将显示三维的屋顶效果，如图 10-10 所示。

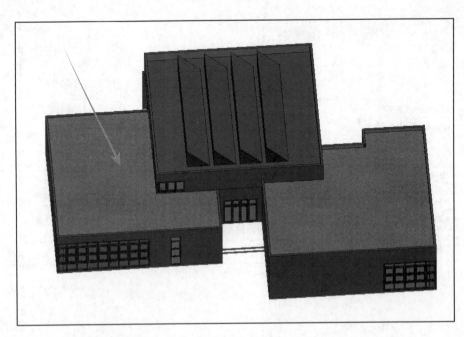

图 10-10

任务评价

　　本任务基于 BIM 建筑迹线屋顶工作过程开展，考核采用过程性考核与结果性考核相结合的方式，强调课程内容考核与评价的整体性。具体考核内容包含综合表现、项目模型建立过程评价、工匠精神表现、任务答辩四方面。具体考核方式参见表 10-1 和表 10-2。

表 10-1　实训任务实施报告书

实训任务					
班级		姓名		学号	
任务实施报告					
任务实施过程： 任务总结：					

表 10-2　建筑迹线屋顶的创建与布置实训任务评价表

班级_____　　　　　　任课教师_____　　　　　日期_____

序号	评价项目	评价标准	满分	评价			综合得分
				自评	互评	师评	
1	综合表现	1. 迟到、早退扣 2 分，旷课扣 5 分（此项只扣分不加分）； 2. 课堂学习态度积极、纪律好，主动参与课程思考，动手能力强（15 分）； 3. 实施报告书内容真实可靠、条理清晰、逻辑性强（5 分）	20				
2	项目模型建立过程评价	1. 正确使用 Revit 2020 软件完成建筑迹线屋顶的创建与布置（30 分）； 2. 建模精准度高、速度快，符合制图标准（20 分）	50				
3	工匠精神表现	1. 实训体现爱岗敬业、精益求精、不断创新的工匠精神（5 分）； 2. 组内活动参与度，团队协作意识（5 分）	10				
4	任务答辩	1. 解决实际问题的能力（10 分）； 2. 组内协调能力及独立创建与布置构件的能力（10 分）	20				

任务 10.2　创建玻璃雨棚

任务学习目标

（1）能运用正确的选项卡进行玻璃雨棚的定义。

（2）能正确识读项目图纸创建玻璃雨棚。

任务引入

玻璃雨棚通常设置在建筑物出入口或顶部阳台上方，作用是挡雨和防止高空落物，Revit 中玻璃雨棚的设置也可利用"屋顶"来完成。本节以科技研发楼项目中主楼一层西侧 1 轴交 C~F 轴之间的混凝土玻璃雨棚为例介绍其创建方法及注意事项。

任务实施

1. 链接"建施 15- 二层平面图"

进入"链接 CAD"对话框，勾选"仅当前视图"选型，"图层 / 标高"选择"可见"，"导入单位"选择"毫米"，"定位"选择"自动 - 原点到原点"，右下角"放置于"选择"2F 建筑 4.500"，其他设置选项按默认设置不调整，单击"打开"按钮导入图纸，如图 10-11 所示。

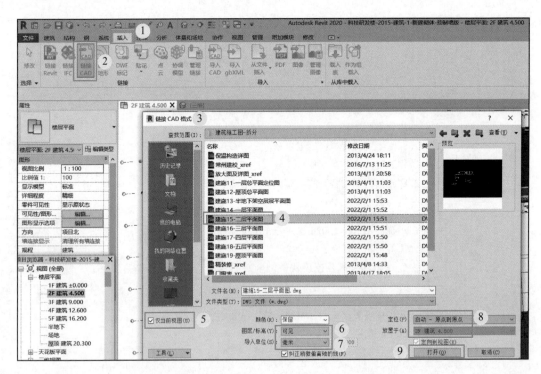

图　10-11

2. 玻璃嵌板绘制

（1）双击"项目浏览器"中的"楼层平面"，双击"2F 建筑 4.500"打开二层平面视图。由于拟建玻璃雨棚顶面的建筑标高为 6.000m，高于"2F 建筑 4.500"默认的剖切面高度，故将二层平面视图的"视图范围"提高至雨棚顶面高度以上，操作方法为：依次单击"属性"选项板→"范围"→"视图范围"→"编辑"按钮，在出现的"视图范围"对话框中，将"主要范围"中的"剖切面""偏移"设置为 2200，单击"确定"按钮，如图 10-12 所示。

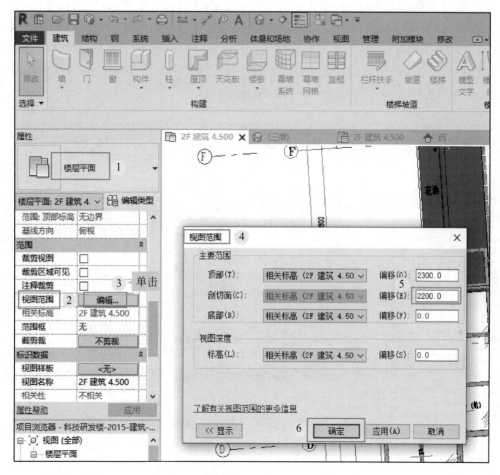

图　10-12

（2）开始创建迹线屋顶。依次单击"建筑"选项卡→"构建"面板→"屋顶"工具→"迹线屋顶"按钮，如图 10-13 所示。

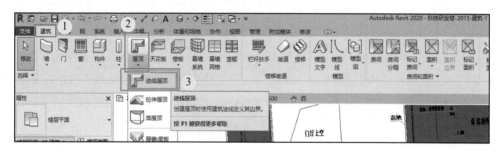

图　10-13

（3）在"类型选择器"中指定屋顶类型为"玻璃斜窗"。单击"属性"选项板，选择"类型"为"玻璃斜窗"，单击"编辑类型"按钮，进入"类型属性"对话框，单击"复制"按钮，复制一个新的玻璃斜窗，输入类型名称，按照"专业代号-玻璃雨棚-雨棚梁材质"的规则命名，可命名为"A-玻璃雨棚-混凝土"。重命名后在"典型参数"中将"幕墙嵌板"选择"系统嵌板：玻璃"。参数设置如图10-14所示。本节以科技研发楼项目中主楼一层西侧出口处1轴交C~F轴之间的混凝土玻璃雨棚为例，由图纸可知，雨棚梁标高为6.000m，而此混凝土结构梁与玻璃嵌板之间使用不锈钢抓手进行连接，考虑到抓手也有一定高度，故将玻璃嵌板的标高定为6.100m，设置方法是将"属性"选项板中"约束"→"底部标高"选择"2F建筑4.500""自标高的底部偏移"设置为1600，此时玻璃嵌板顶面标高即修改为6.100m。

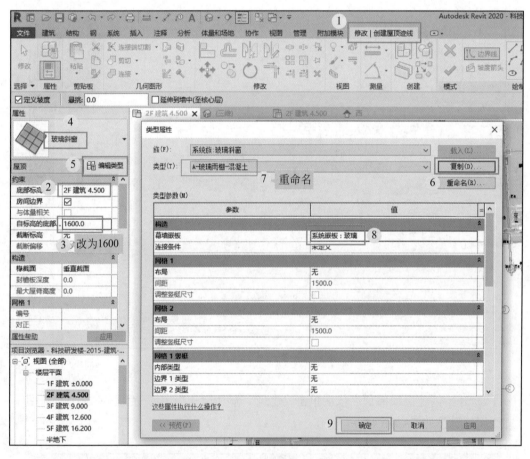

图 10-14

（4）绘制玻璃嵌板的边界线。在设置完玻璃嵌板的类型属性和布置条件后，通过选择"修改|创建屋顶迹线"选项卡→"绘制"→"边界线"→"拾取线"工具，再将光标移动至绘图区该玻璃雨棚四周依次拾取其边界线，如果发现拾取边界线后有些邻边线条并未闭合连接，还需要修剪，如图10-15所示。

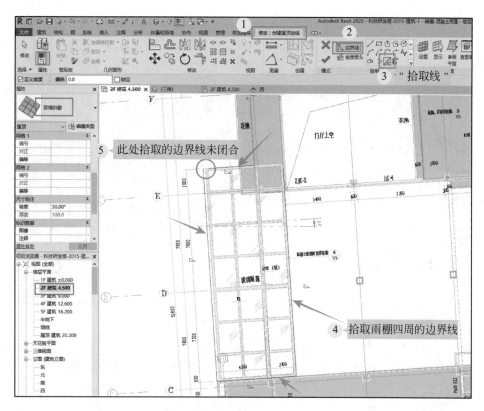

图 10-15

（5）修剪玻璃嵌板边界线。对于未闭合连接的边界线，可通过单击"修改 | 创建屋顶迹线"选项卡→"修改"→"延伸 / 修剪"工具，再依次选择尚未闭合连接的相邻边界线，即可自动延伸连接并修剪掉多余线段，如图 10-16 所示。

图 10-16

（6）取消玻璃嵌板的坡度。由于本例玻璃雨棚无坡度，框选修剪完的所有已闭合的边界线，在"修改｜创建屋顶迹线"选项卡中取消默认勾选的"定义坡度"选项，按 Enter 键，即可取消默认生成的坡度，此时边界线外侧的坡度三角形图标已消失，如图 10-17 所示。

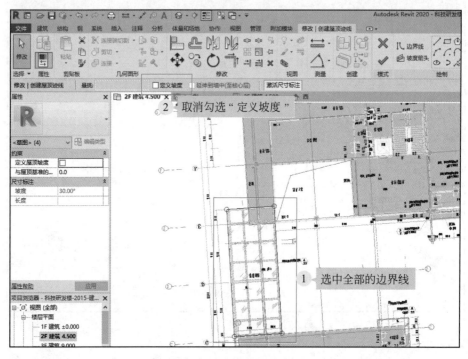

图　10-17

（7）单击"修改｜创建屋顶迹线"选项卡→"模式"→"完成编辑模式"按钮，即可看到生成的蓝色玻璃嵌板，如图 10-18 所示。

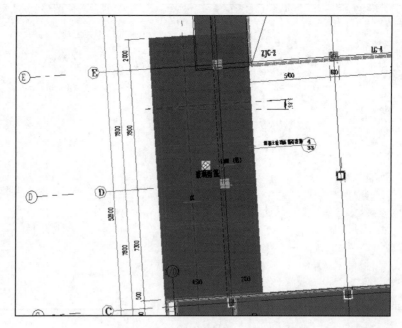

图　10-18

3. 幕墙网格绘制

（1）根据工程实际修改网格角度。本实例中，建筑物的坐标朝向并不是标准正南北方向，因此模型链接图纸的横、纵轴线，包括本任务所绘制的玻璃雨棚及其网格线均与直角坐标系存在一定的角度，测量可知两个坐标系的夹角为3.86°，将直角坐标系逆时针旋转3.86°即可得到模型中建筑物的实际坐标方位。此夹角意味着在绘制雨棚幕墙的网格线时需要设置旋转角度。具体做法：选中前一步中绘制完成的玻璃嵌板，在"属性"选项板中，将"网格1"和"网格2"中的"角度"均改为3.86°，单击"应用"按钮，完成设置，如图10-19所示。

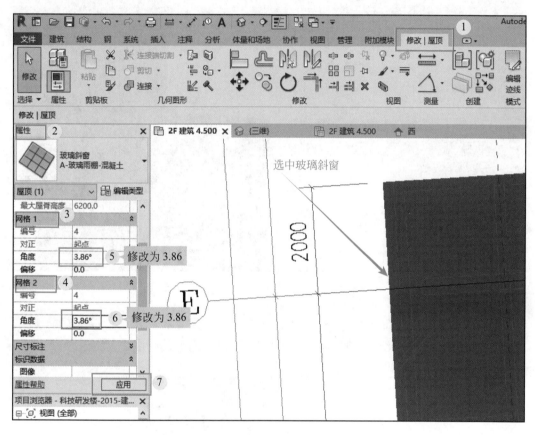

图　10-19

（2）选择"建筑"→"幕墙网格"，如图10-20所示。

图　10-20

（3）根据图纸绘制幕墙网格分段。单击"修改|放置 幕墙网格"选项卡→"放置"→"全部分段"按钮，将光标在绘图区域的玻璃嵌板四周移动时会生成幕墙网格线的预览（虚线），单击后即生成，可通过修改网格线两侧的尺寸数字来设置网格线的位置，如图 10-21 所示。

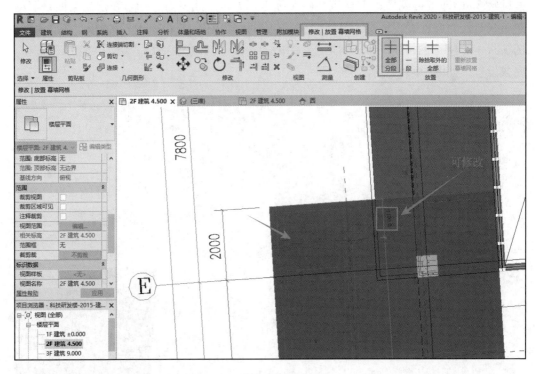

图 10-21

（4）根据图纸绘制完幕墙网格线。在三维视图中，为清晰显示，已临时隐藏了玻璃嵌板下方的混凝土梁，此时可清楚地看到玻璃嵌板上均匀分布的网格线，如图 10-22 所示。

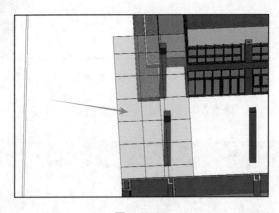

图 10-22

4. 不锈钢抓手绘制

（1）载入不锈钢抓手。在"项目浏览器"中单击"常规模型"，依次选择功能区选项卡中"插入"→"载入族"工具，在出现的"载入族"对话框中依次选择：

China → "建筑" → "幕墙" → "幕墙构件"，在"抓点"中选中"驳接抓 2"，单击"打开"按钮，此时在"项目浏览器"中的"常规模型"中即可看到载入的新子项"驳接抓2"，如图 10-23 所示。

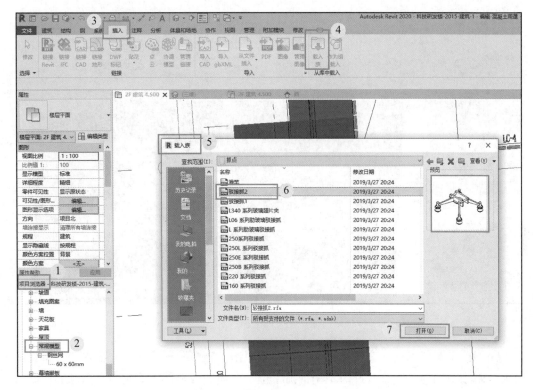

图 10-23

（2）依次选择"建筑"→"构件"→"放置构件"，如图 10-24 所示。

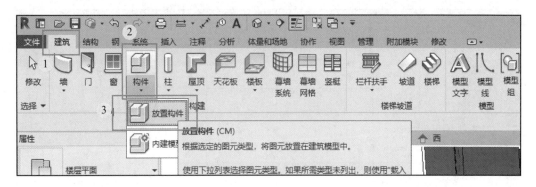

图 10-24

（3）设置不锈钢抓手的布置条件。在"修改|放置 构件"选项卡中，选择"放置"→"放置在工作平面上"按钮，由于本实例的坐标系与直角坐标系存在 3.86°的角度，故在"选项栏"中勾选"放置后旋转"按钮。接下来，在"属性"选项板中，将"约束"中的"明细表标高"设置为"2F 建筑 4.500"，将"主体中的偏移"设置为 1612.5，参数输入完毕。将光标移动至绘图区域中玻璃嵌板内正交网格线交点处单击，由于前面勾

选了"放置后旋转"，因此在确定位置单击后可继续输入旋转信息"＝3.86"，按 Enter 键结束放置，即可得到逆时针旋转 3.86° 后的不锈钢抓手，如图 10-25 所示，按照同样的方法在嵌板平面上布置完剩下的抓手。

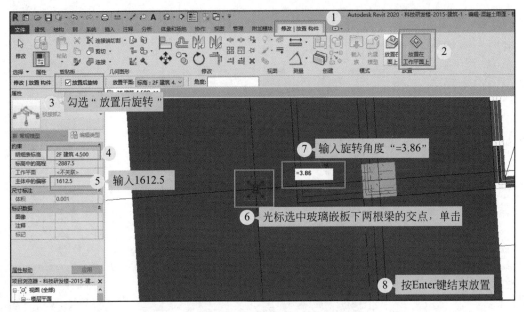

图　10-25

（4）抓手布置完后，在"项目浏览器"中单击"立面"→"西"立面视图，将视图放大至雨棚范围内，观察到此时不锈钢抓手位于玻璃嵌板上部，而它本是雨棚的玻璃嵌板与下方支承嵌板的钢筋混凝土梁之间的连接件，因此需要通过"镜像"操作将所有抓手以玻璃嵌板为对称轴翻转至玻璃嵌板下方，如图 10-26 所示。

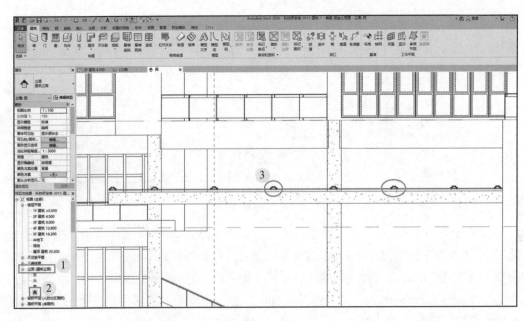

图　10-26

（5）通过"过滤器"工具筛选出不锈钢抓手。在"西"立面视图中拉框选中所有抓手，此时选中的不止抓手，还有其他构件，可利用软件内置的"过滤器"功能来过滤非抓手构件。具体做法：单击"修改|选择多个"选项卡→"过滤器"按钮，在出现的"过滤器"对话框中，单击右侧的"放弃全部"按钮，在左边的"类别"框中选择想要选中的"常规模型"（即不锈钢抓手），注意其数量为 32，而不是立面图上显示出的 8 个，单击"确定"按钮即完成过滤操作，如图 10-27 所示。

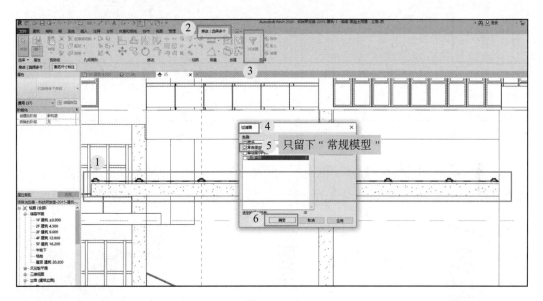

图 10-27

（6）镜像不锈钢抓手。对于前面过滤出的全部 32 个不锈钢抓手，继续在"修改|常规模型"选项卡中的"修改"区域找到"镜像 拾取轴"工具，接下来在绘图区中选择玻璃嵌板中心线作为镜像对称轴，如图 10-28 所示，按 Enter 键生成关于玻璃嵌板中心线对称布置的另外 32 个不锈钢抓手，此时继续利用过滤器功能选中位于玻璃嵌板上方的 32 个抓手并删除，删除后剩下的不锈钢抓手如图 10-29 所示。

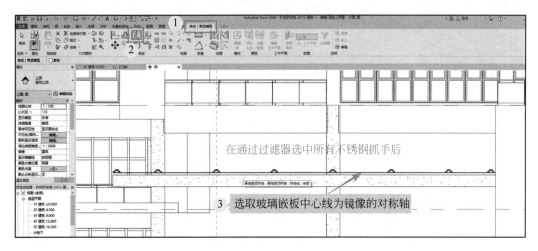

图 10-28

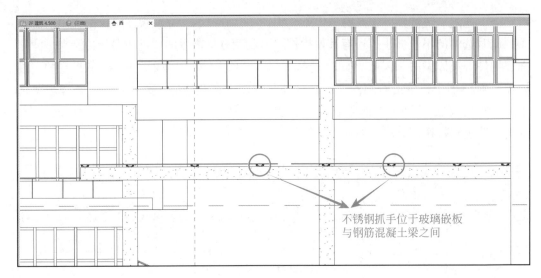

图　10-29

（7）切换至三维视图，勾选"剖面框"按钮，将水平剖切位置移动至玻璃雨棚上方，即可清晰地看到此混凝土玻璃雨棚的全貌，如图 10-30 所示。

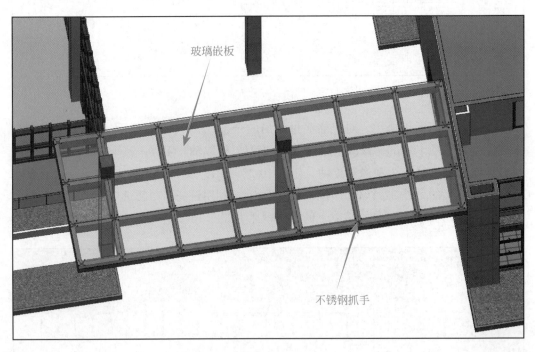

图　10-30

任务评价

本任务基于 BIM 建筑玻璃雨棚工作过程开展，考核采用过程性考核与结果性考核相结合的方式，强调课程内容考核与评价的整体性。具体考核内容包含综合表现、项目模型建立过程评价、工匠精神表现、任务答辩四方面。具体考核方式参见表 10-3 和表 10-4。

表 10-3 实训任务实施报告书

实训任务					
班级		姓名		学号	
任务实施报告					
任务实施过程： 任务总结：					

表 10-4 建筑玻璃雨棚的创建与布置实训任务评价表

班级_____ 任课教师_____ 日期_____

序号	评价项目	评价标准	满分	评价			综合得分
				自评	互评	师评	
1	综合表现	1.迟到、早退扣 2 分，旷课扣 5 分（此项只扣分不加分）； 2.课堂学习态度积极、纪律好，主动参与课程思考，动手能力强（15 分）； 3.实施报告书内容真实可靠、条理清晰、逻辑性强（5 分）	20				
2	项目模型建立过程评价	1.正确使用 Revit 2020 软件完成建筑玻璃雨棚的创建与布置（30 分）； 2.建模精准度高、速度快，符合制图标准（20 分）	50				
3	工匠精神表现	1.实训体现爱岗敬业、精益求精、不断创新的工匠精神（5 分）； 2.组内活动参与度，团队协作意识（5 分）	10				
4	任务答辩	1.解决实际问题的能力（10 分）； 2.组内协调能力及独立创建与布置构件的能力（10 分）	20				

学习笔记

项目 11 栏 杆 扶 手

项目描述

栏杆扶手在建筑物和公共场所很常见，其主要作用是安全防护，还可以起到分隔、导向的作用，也有一定的装饰功能，如图 11-1 所示。扶手高度是指踏面宽度中点至扶手面的竖向高度，一般高度为 900mm。供儿童使用的扶手高度为 600mm，室外楼梯栏杆、扶手高度应不小于 1100mm。栏杆扶手在设计、施工时应考虑坚固、安全、适用、美观。

图　11-1

项目实训目的

1.通过本项目学习，结合实训项目图纸，提高学生熟练运用 Revit 2020 创建和编辑室外栏杆扶手的能力。

2.通过本项目学习，结合实训项目图纸，提高学生熟练运用 Revit 2020 创建和编辑楼梯栏杆扶手的能力。

📖 **项目实施准备**

1. 阅读工作任务，识读实训项目图纸，明确不同栏杆扶手的类型、尺寸、标高、定位、属性等关键信息，熟悉不同栏杆在图纸中的布置位置，确保栏杆扶手模型创建及布置的正确性。

2. 围绕不同的栏杆扶手类型，结合项目图纸，熟悉 Revit 2020 软件自带族类型，确定是否创建项目族文件。

3. 结合工作任务分析栏杆扶手中的难点和常见问题。

🔧 **项目任务实施**

任务 11.1　绘制室外栏杆扶手

任务学习目标

（1）能运用正确的选项卡进行室外栏杆扶手的定义。

（2）能正确识读项目图纸绘制室外栏杆扶手。

任务引入

在 Revit 中，栏杆扶手的创建方式通常分为两种，即"绘制路径"和"放置在楼梯 / 坡道上"，如图 11-2 所示。本任务选用"绘制路径"的方法来创建室外栏杆扶手，以科技研发楼首层采光井上方的栏杆扶手为例。

图 11-2

任务实施

1. 链接"建施 14- 一层平面图"

进入"链接 CAD"对话框，勾选"仅当前视图"选项，"图层 / 标高"选择"可见"，"导入单位"选择"毫米"，"定位"选择"自动 - 中心到中心"，右下角"放置于"选择"1F 建筑 ±0.000"，其他设置选项按默认设置不调整，单击"打开"按钮导入图纸，如图 11-3 和图 11-4 所示。

微课：创建室外栏杆扶手

图　11-3

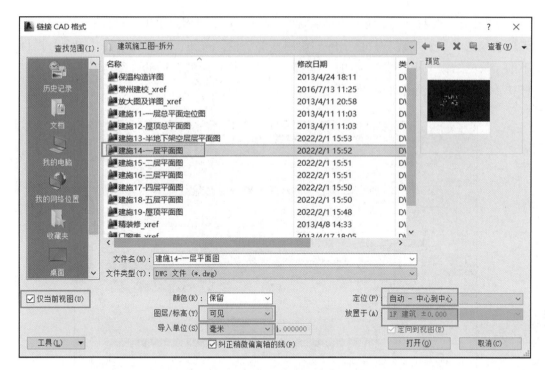

图　11-4

2. 室外栏杆扶手绘制

（1）双击"项目浏览器"中的"楼层平面"，双击"1F 建筑 ±0.000"打开一层平面视图，依次单击"建筑"选项卡→"构建"面板→"栏杆扶手"工具→"绘制路径"按钮，如图 11-5 所示。

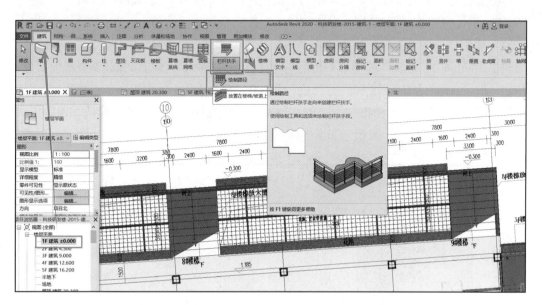

图　11-5

（2）在"属性"选项板中选择"系统族：栏杆扶手 1100mm"，单击"编辑类型"按钮，在"类型属性"对话框中单击"复制"按钮，按照"专业代号 - 尺寸 - 材质描述"的规则命名栏杆扶手，输入类型名称为"A-1100-不锈钢扶手玻璃栏杆"。设置参数，先取消勾选"顶部扶栏"栏目下的"使用顶部扶栏"按钮，再依次单击"构造"栏目下的"扶栏结构（非连续）"后的"编辑 ..."和"栏杆位置"后的"编辑 ..."来设置栏杆扶手的各参数，如图 11-6 所示。

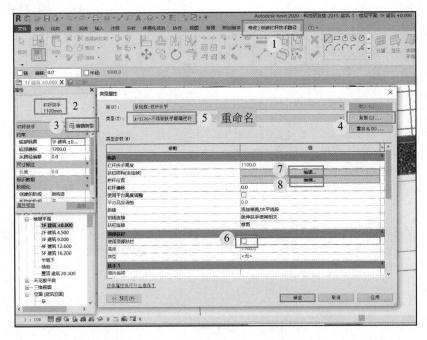

图 11-6

（3）单击"类型属性"对话框中的"扶栏结构（非连续）"后面的"编辑 ..."，进入"编辑扶手（非连续）"对话框，单击"插入"按钮添加扶手的信息，在"扶栏"表格中修改各项信息，将"名称"改为"不锈钢管扶手"，"高度"为1100，"轮廓"选择"圆形扶手：30mm"，"材质"选择"不锈钢"。再次单击"插入"按钮添加玻璃嵌板的信息：依次修改"名称"为"玻璃嵌板"、"高度"为 100、"轮廓"为 Panel：Panel、"材质"为"玻璃"。设置好参数后，可单击左下方的"预览"按钮检查编辑的模型，确认无误后依次单击"应用"和"确定"按钮，如图 11-7 所示。

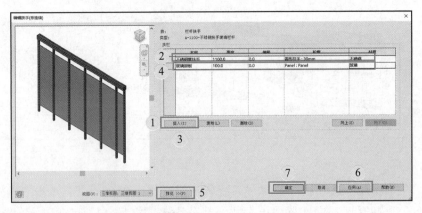

图 11-7

（4）单击"类型属性"对话框中的"栏杆位置"后面的"编辑 ..."按钮，进入"编辑栏杆位置"对话框，首先在"主样式"表格中修改第二行的"常规栏杆"信息，根据图纸此处"栏杆族"选择"扁钢立杆：50×12mm"，"相对前一栏杆的距离"改为1250；其次，取消勾选"楼梯上每个踏板都使用栏杆"；最后，在"支柱"表格中把"起点支柱""转角支柱"和"终点支柱"的"栏杆族"都改为"扁钢立杆：50×12mm"。设置好参数后，可单击左下方的"预览"按钮检查编辑的模型，确认无误后依次单击"应用"和"确定"按钮，如图11-8所示。

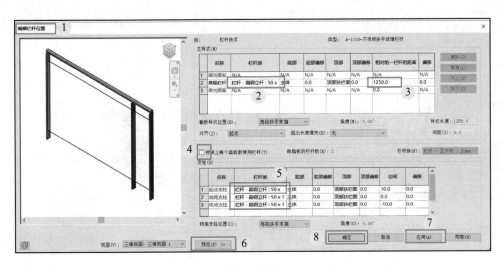

图　11-8

（5）设置"属性"选项板中栏杆扶手的"约束"→"底部标高"为"1F 建筑 ±0.000"，"底部偏移"为1200，使用"修改|创建栏杆扶手路径"选项卡中的"直线"工具，移动光标在绘图区域找到此室外栏杆扶手所在位置，如图11-9所示。

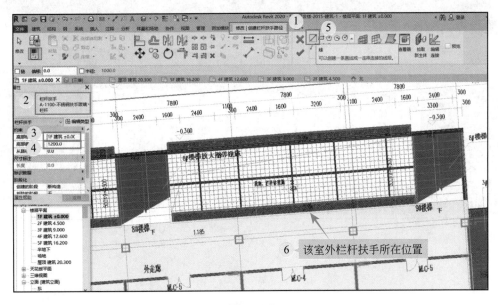

图　11-9

（6）绘制栏杆扶手路径。首先在图纸中确定此段栏杆扶手的起始位置，单击起点位置，然后沿科技研发楼北面室外采光井花池边缘移动光标，绘制栏杆扶手的布置路径直到终点，如图 11-10 所示，单击"模式"面板中的"完成编辑模式"按钮结束绘制模式。

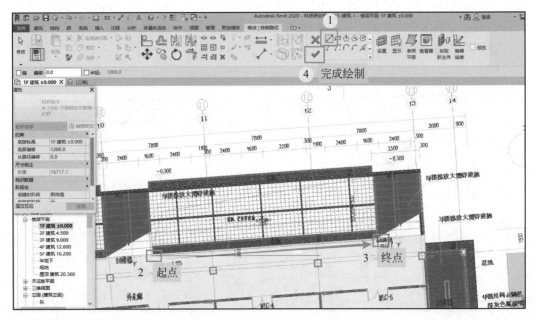

图　11-10

（7）转到三维视图，找到相应位置的室外扶手栏杆，如图 11-11 所示。

图　11-11

任务 11.2 绘制楼梯栏杆扶手

任务学习目标

（1）能运用正确的选项卡进行楼梯栏杆扶手的定义。

（2）能正确识读项目图纸绘制楼梯栏杆扶手。

任务引入

在实际建筑物中一般都会在楼梯和坡道设置扶手栏杆，以起到安全防护和导向的作用，如图 11-12 所示。本任务选用"放置在楼梯 / 坡道上"的方法来创建楼梯处的栏杆扶手，以科技研发楼北侧采光井之间的楼梯栏杆扶手为例。

图 11-12

任务实施

1. 楼梯栏杆扶手绘制

（1）启动 Revit 2020，打开前面操作的"科技研发楼"项目文件，本任务主要关注"栏杆扶手"的另一种布置方式，关于"栏杆类型"及"参数设置"的内容已在上一任务中详细描述，在此不再重复，读者可参照前面的学习内容和工程实际情况进行复制和定义。打开三维视图，在绘图区找到科技研发楼北侧采光井之间的楼梯，目前该梯段两侧还没有栏杆扶手，如图 11-13 所示。

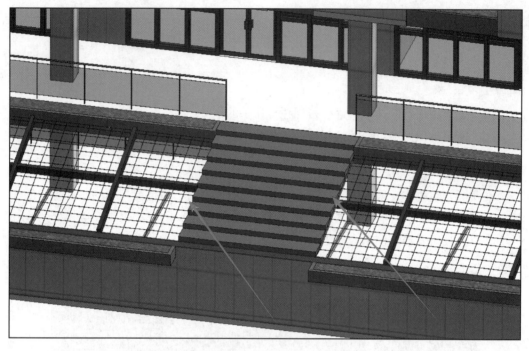

图　11-13

（2）依次单击"建筑"选项卡→"楼梯坡道"面板→"栏杆扶手"工具，选择"放置在楼梯/坡道上"按钮，如图 11-14 所示。

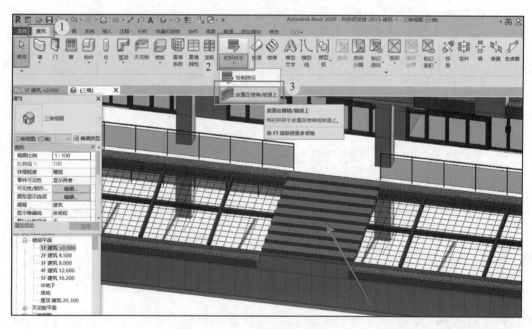

图　11-14

（3）单击"属性"选项板中的"编辑类型"，去复制和定义楼梯扶手信息，此部分内容与前面相同，操作见图 11-6~图 11-8。接下来通过放置方法布置栏杆扶手：在"修改 | 在楼梯/坡道上放置栏杆扶手"选项卡中选择"踏板"按钮，在"属性"选项板的

下拉选项中选择"A-1100-不锈钢扶手玻璃栏杆",将光标移到采光井之间的楼梯处,单击梯段,即可自动生成该梯段两侧的栏杆扶手,如图 11-15 所示。

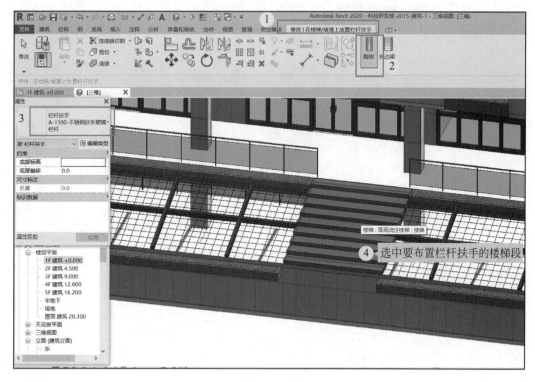

图 11-15

（4）生成的楼梯栏杆扶手三维模型如图 11-16 所示。项目中其他栏杆扶手的创建方法与此相似,可以根据图纸逐一创建并放置到精确的位置上。

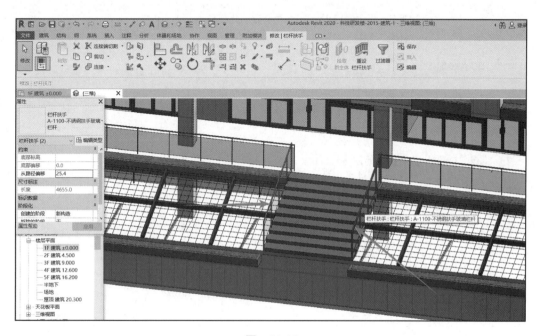

图 11-16

任务评价

本任务基于 BIM 建筑楼梯栏杆扶手工作过程开展，考核采用过程性考核与结果性考核相结合的方式，强调课程内容考核与评价的整体性。具体考核内容包含综合表现、项目模型建立过程评价、工匠精神表现、任务答辩四方面。具体考核方式参见表 11-1 和表 11-2。

表 11-1　实训任务实施报告书

实训任务					
班级		姓名		学号	
任务实施报告					
任务实施过程：					
任务总结：					

表 11-2　建筑楼梯栏杆扶手的创建与布置实训任务评价表

班级＿＿＿＿＿　　　任课教师＿＿＿＿＿　　　日期＿＿＿＿＿

序号	评价项目	评价标准	满分	评价			综合得分
				自评	互评	师评	
1	综合表现	1. 迟到、早退扣 2 分，旷课扣 5 分（此项只扣分不加分）； 2. 课堂学习态度积极、纪律好，主动参与课程思考，动手能力强（15 分）； 3. 实施报告书内容真实可靠、条理清晰、逻辑性强（5 分）	20				
2	项目模型建立过程评价	1. 正确使用 Revit 2020 软件完成建筑楼梯栏杆扶手的创建与布置（30 分）； 2. 建模精准度高、速度快，符合制图标准（20 分）	50				
3	工匠精神表现	1. 实训体现爱岗敬业、精益求精、不断创新的工匠精神（5 分）； 2. 组内活动参与度，团队协作意识（5 分）	10				
4	任务答辩	1. 解决实际问题的能力（10 分）； 2. 组内协调能力及独立创建与布置构件的能力（10 分）	20				

学习笔记

项目 12 内 装

项目描述

　　建筑装饰是建筑装饰装修工程的简称。建筑装饰是为保护建筑物的主体结构、完善建筑物的物理性能、使用功能和美化建筑物，采用装饰装修材料或饰物对建筑物的内外表面及空间进行的各种处理过程。装修内装一般是指室内装修，包括室内的墙面，楼地面、吊顶天棚等。本项目以江苏城乡建设职业学院科技研发楼工程为载体，针对内隔墙、房间以及内装吊顶等进行介绍。从工程师的角度，剖析 Revit 在实际项目中的应用方法以及当前常规的建筑内装构件创建与绘制方法。本项目突破常规的建模思路，以项目为切入点，采用不同的族进行建筑内装构件的创建和布置。

项目实训目的

　　1. 通过本项目学习，结合实训项目图纸，提高学生熟练运用 Revit 2020 创建和编辑内装隔墙的能力。

　　2. 通过本项目学习，结合实训项目图纸，提高学生熟练运用 Revit 2020 创建和编辑房间的能力。

　　3. 通过本项目学习，结合实训项目图纸，提高学生熟练运用 Revit 2020 创建和编辑吊顶的能力。

项目实施准备

　　1. 阅读工作任务，识读实训项目图纸，明确内装隔墙、房间、吊顶的类型、混凝土强度等级、尺寸、标高、定位、属性等关键信息，熟悉不同内装构件在图纸中的布置位置，确保模型创建及布置的正确性。

　　2. 围绕不同的内装构件类型，结合项目图纸，熟悉 Revit 2020 软件自带族类型，确定是否创建项目族文件。

　　3. 结合工作任务分析内装构件中的难点和常见问题。

项目任务实施

任务 12.1 绘制内装隔墙

任务学习目标

（1）能运用正确的选项卡进行内装隔墙的定义。

（2）能正确识读项目图纸绘制内装隔墙。

任务引入

在 Revit 中，墙属于系统族，共有 3 种类型的墙族：基本墙、层叠墙和幕墙。对于内隔墙的建模，本任务也选择"基本墙"来进行创建。本任务以科技研发楼一层位于 B 轴与 1 轴附近的强、弱电间内分隔墙为例创建。

任务实施

1. 链接"建施 14- 一层平面图"

进入"链接 CAD"对话框，勾选"仅当前视图"选型，"图层 / 标高"选择"可见"，"导入单位"选择"毫米"，"定位"选择"自动 - 原点到原点"，右下角"放置于"选择"1F 建筑 ±0.000"，其他设置选项按默认设置不调整，单击"打开"按钮导入图纸，如图 12-1 和图 12-2 所示。

图 12-1

2. 建筑内隔墙绘制

（1）双击"项目浏览器"中的"楼层平面"，双击"1F 建筑 ±0.000"打开一层平面视图，依次单击"建筑"选项卡→"构建"面板→"墙"工具→"墙：建筑"按钮，进入墙体绘制模式，如图 12-3 所示。

（2）在"类型选择器"中指定基本墙类型。在"属性"选项板的下拉选项中选择"类型"为"基本墙：A-WQ200-FHB"，单击"编辑类型"按钮，在出现的"类型属性"对话框中单击"复制"按钮，复制一个新的内隔墙，输入类型名称，按照"专业代号 - 内 / 外墙及厚度 - 材质"的规则命名内隔墙，本项目中科技研发楼所用内墙大部分为粉煤灰混凝土小型空心砌块内墙（代号为 FHB），本例中强、弱电间之间内分隔墙厚度为 200mm，可命名为 A-NQ200-FHB，参数设置如图 12-4 所示。

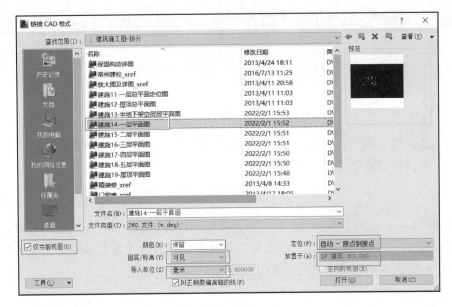

图 12-2

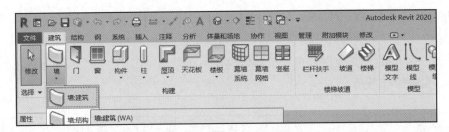

图 12-3

图 12-4

（3）设置该内墙的所有构造层次。在内隔墙的"类型属性"对话框中依次单击"类型参数"→"构造"→"结构"右侧的"编辑..."按钮，由于本内隔墙复制了在"建筑墙"项目中创建的砌体外墙 A-WQ200-FHB，从材质上看，内墙与外墙均为200mm 厚粉煤灰混凝土小型空心砌块墙，故此处只需要修改与外墙不同的信息：将"层"表格中第一行"面层 1[4]"的"材质"改为"白色乳胶漆"，"厚度"改为 10；修改"结构 [1]"的"厚度"为 180，修改完参数后单击"确定"按钮保存并退出，如图 12-5 所示。

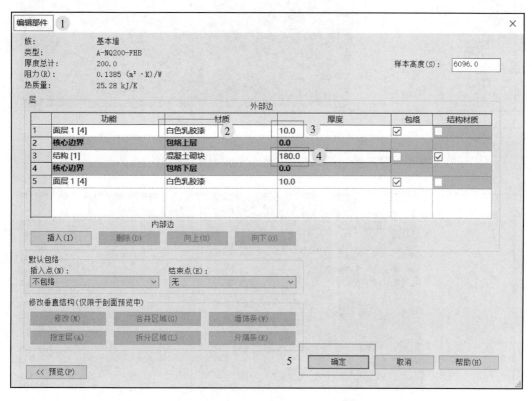

图 12-5

（4）在"修改|放置 墙"选项栏中依次选择"高度"和"2F 建筑 4.500"，用于设定绘制墙的立面是从 1F 到 2F；在"定位线"选项中选择"核心层中心线"；勾选"链"按钮（作用是当绘制完成一段墙后，可以连续绘制其他墙，使其首尾相连）；由于拟建内墙位于 B 轴下方 200mm，在"偏移"中输入 200；在"修改|放置 墙"选项卡中找到"直线"按钮，在绘图区中找到该内隔墙的位置，以内隔墙上方的 B 轴轴线为参考，沿B 轴移动光标从右至左绘制该段内隔墙，如图 12-6 所示。需要注意的是本次绘制前在"修改|放置 墙"选项栏内修改的"偏移"是指墙体水平方向的偏移，而在"属性"选项板中的"底部偏移"则是指墙体墙底部位置与"底层约束"的竖向位移。

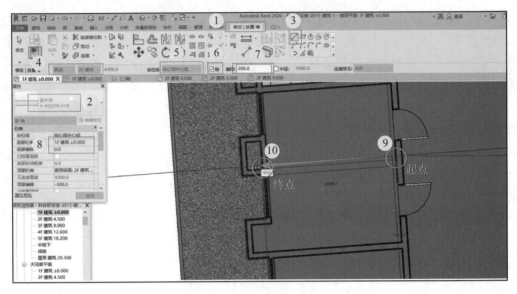

图　12-6

（5）在三维视图中显示绘制的内墙（A-NQ200-FHB），如图 12-7 所示。

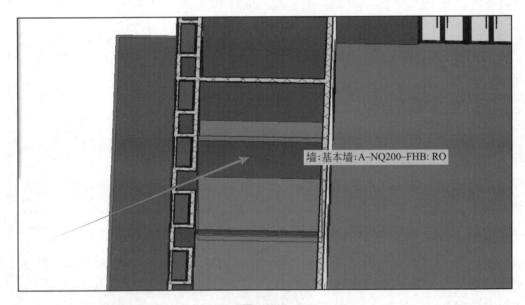

图　12-7

（6）Revit 还提供了矩形、多边形、圆形、弧线、拾取线等工具，可用于绘制不同形状的墙体，如图 12-8 所示。

图　12-8

任务评价

本任务基于 BIM 建筑内装隔墙工作过程开展，考核采用过程性考核与结果性考核相结合的方式，强调课程内容考核与评价的整体性。具体考核内容包含综合表现、项目模型建立过程评价、工匠精神表现、任务答辩四方面。具体考核方式参见表 12-1 及表 12-2。

表 12-1　实训任务实施报告书

实训任务						
班级		姓名		学号		
任务实施报告						
任务实施过程： 任务总结： 						

表 12-2　建筑内装隔墙的创建与布置实训任务评价表

班级_____　　　　任课教师_____　　　　日期_____

序号	评价项目	评价标准	满分	评价			综合得分
				自评	互评	师评	
1	综合表现	1. 迟到、早退扣 2 分，旷课扣 5 分（此项只扣分不加分）； 2. 课堂学习态度积极、纪律好，主动参与课程思考，动手能力强（15 分）； 3. 实施报告书内容真实可靠、条理清晰、逻辑性强（5 分）	20				
2	项目模型建立过程评价	1. 正确使用 Revit 2020 软件完成建筑内装隔墙的创建与布置（30 分）； 2. 建模精准度高、速度快，符合制图标准（20 分）	50				
3	工匠精神表现	1. 实训体现爱岗敬业、精益求精、不断创新的工匠精神（5 分）； 2. 组内活动参与度，团队协作意识（5 分）	10				

续表

序号	评价项目	评价标准	满分	评价			综合得分
				自评	互评	师评	
4	任务答辩	1. 解决实际问题的能力（10分）； 2. 组内协调能力及独立创建与布置构件的能力（10分）	20				

任务 12.2　创 建 房 间

任务学习目标

（1）能运用正确的选项卡进行房间的定义。

（2）能正确识读项目图纸创建房间。

任务引入

在 Revit 中，建筑平面构成的基本元素是房间，可通过"房间"工具来创建"房间"构件，从而统计各个房间的面积和体积。本任务以数字实验室一层空间为例来进行"房间"的创建并计算使用面积。

任务实施

1. 房间创建

（1）启动 Revit 2020，双击"项目浏览器"中的"楼层平面"，双击"1F 建筑 ±0.000"打开一层平面视图，依次单击"建筑"选项卡→"构建"面板→"房间"工具，如图 12-9 所示。

微课：创建房间

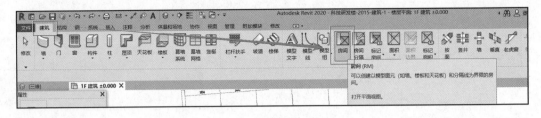

图　12-9

（2）确定房间边界。在创建房间时选择房间标记类型，单击"修改|放置 房间"选项卡中的"在放置时进行标记"按钮创建房间，默认房间标记不带"引线"。将光标移动至数字实验室楼的"三维演示中心"，此时光标所在区域会形成动态的 X 形房间预览线布满该空间，单击放置房间，同时会自动创建房间标记，统一默认为"房间"，还需手动修改。在布置时发现由于模型中"三维演示中心"与"数字实验室"两个房间连接处墙体洞口未设置门是连通的，导致这两块区域被错误识别为一个房间，此时需要手动

添加"房间分隔线"将两个房间分开，如图 12-10 所示。

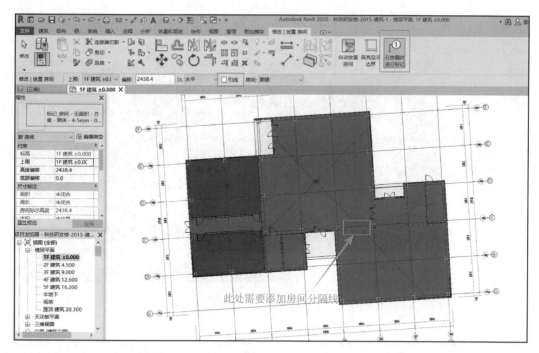

图　12-10

（3）添加房间分隔线。依次单击"建筑"选项卡→"构建"面板→"房间分隔"按钮，如图 12-11 所示。

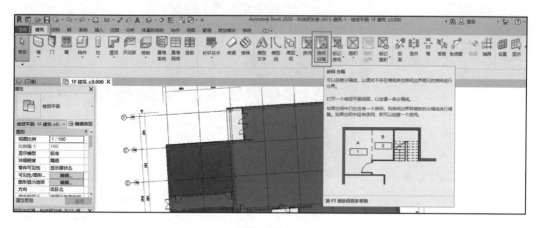

图　12-11

（4）绘制房间分隔线。在"修改|放置 房间分隔"选项卡中单击"直线"按钮，在"三维演示中心"与"数字实验室"之间的洞口处沿着墙中心线方向绘制房间分隔线，起点和终点分别是洞口两侧墙体中点。以此将两区域完全分隔开，绘制完成后需按两次 Esc 键退出绘制房间分隔线模式，如图 12-12 所示。

（5）依次单击"建筑"选项卡→"构建"面板→"房间"工具，继续创建完其他房间后，按 Esc 键结束创建，如图 12-13 所示。

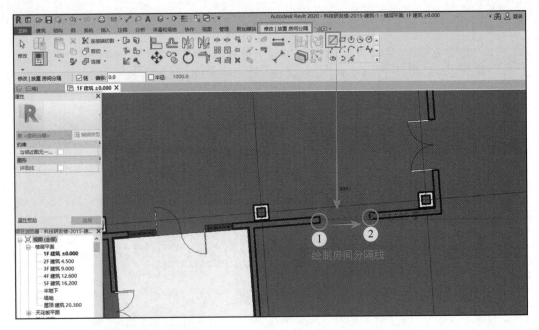

图　12-12

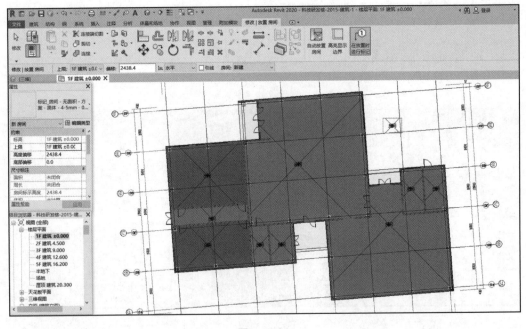

图　12-13

（6）进行"房间标记"的编辑。"房间标记"即上一步中创建房间时生成的"房间"字样。单击在三维演示中心区域中生成的"房间"二字，选中后字样变成蓝色，同时该房间的边界也变成红色，继续单击该字样即可对"房间"进行文字编辑，将其重命名为"三维演示中心"。房间内的"房间标记"在编辑前后均可以自由拖动改变平面位置，如图 12-14 所示。

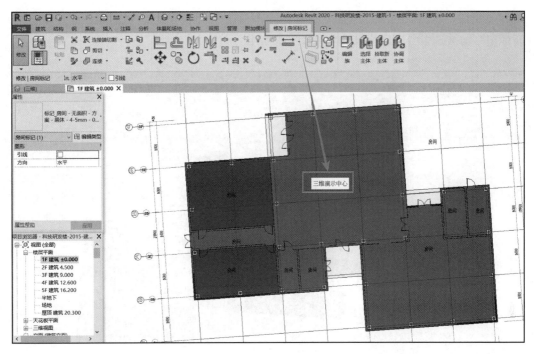

图　12-14

（7）根据建筑图纸，依次对剩余房间进行"房间标记"编辑重命名，完成后如图 12-15 所示。

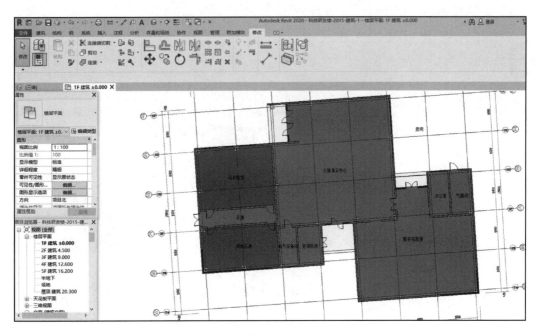

图　12-15

2.房间使用面积统计

（1）将光标移动到某一房间内部并单击，即可选中一个编辑好的房间，此时该房间边界线变红，右击，选择"选择全部实例"→"在视图中可见"，此时视图中所有"房间标记"均被选中，字样变蓝，如图 12-16 所示。

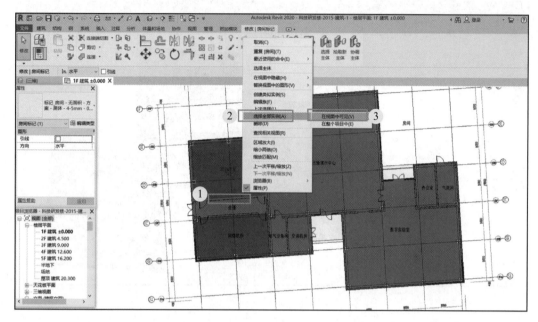

图　12-16

（2）在"属性"选项板的下拉框中选择"标记_房间 - 有面积 - 施工 - 仿宋 -3mm-0-67"，如图 12-17 所示。

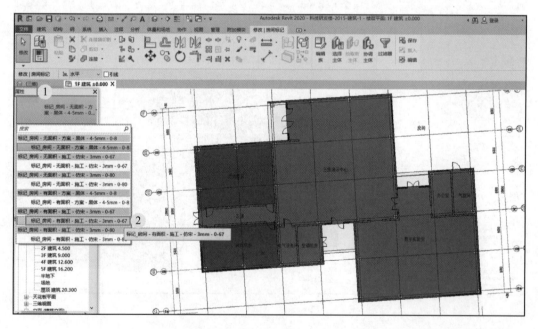

图　12-17

（3）此时在所有创建房间的"房间标记"字样正下方均生成了该房间的使用面积，

例如"三维演示中心"的使用面积为 227.55m²，如图 12-18 所示。

图 12-18

任务评价

本任务基于 BIM 建筑房间工作过程开展，考核采用过程性考核与结果性考核相结合的方式，强调课程内容考核与评价的整体性。具体考核内容包含综合表现、项目模型建立过程评价、工匠精神表现、任务答辩四方面。具体考核方式参见表 12-3 和表 12-4。

表 12-3 实训任务实施报告书

实训任务					
班级		姓名		学号	
任务实施报告					
任务实施过程：					
任务总结：					

表 12-4　建筑房间的创建与布置实训任务评价表

班级_____　　　　任课教师_____　　　　日期_____

序号	评价项目	评价标准	满分	评价			综合得分
				自评	互评	师评	
1	综合表现	1. 迟到、早退扣 2 分，旷课扣 5 分（此项只扣分不加分）； 2. 课堂学习态度积极、纪律好，主动参与课程思考，动手能力强（15 分）； 3. 实施报告书内容真实可靠、条理清晰、逻辑性强（5 分）	20				
2	项目模型建立过程评价	1. 正确使用 Revit 2020 软件完成建筑房间的创建与布置（30 分）； 2. 建模精准度高、速度快，符合制图标准（20 分）	50				
3	工匠精神表现	1. 实训体现爱岗敬业、精益求精、不断创新的工匠精神（5 分）； 2. 组内活动参与度，团队协作意识（5 分）	10				
4	任务答辩	1. 解决实际问题的能力（10 分）； 2. 组内协调能力及独立创建与布置构件的能力（10 分）	20				

任务 12.3　绘制内装顶棚

任务学习目标

（1）能运用正确的选项卡进行楼板的定义。

（2）能正确识读项目图纸，运用 Revit 2020 绘制内装顶棚。

任务引入

天花板作为建筑室内装饰不可或缺的部分，起着非常重要的装饰作用。Revit 提供了两种天花板的创建方法，分别是自动绘制与手动绘制。要查看天花板，需打开对应标高的天花板投影平面（RCP）视图，如图 12-19 所示。本任务将结合科技研发楼项目一层消防控制室的乳胶漆顶棚来介绍顶棚的创建。

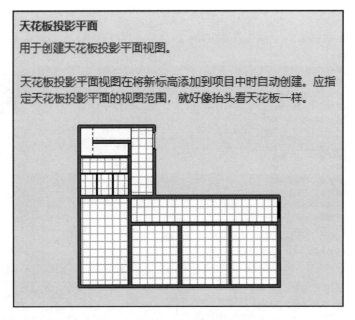

图 12-19

任务实施

1. 链接"建施 14- 一层平面图"

进入"链接 CAD"对话框，勾选"仅当前视图"选型，"图层 / 标高"选择"可见"，"导入单位"选择"毫米"，"定位"选择"自动 - 原点到原点"，右下角"放置于"选择"1F 建筑 ± 0.000"，其他设置选项按默认设置不调整，单击"打开"按钮导入图纸，如图 12-20 和图 12-21 所示。

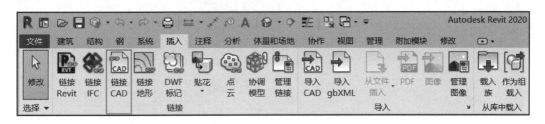

图 12-20

2. 建筑内装顶棚绘制

（1）单击"视图"选项卡→"创建"面板→"平面视图"→"天花板投影平面"按钮，在出现的"新建天花板平面"对话框中选择"1F"到"屋顶层"标高，单击"确定"按钮保存并退出，即可为该项目 1F 至屋顶层标高创建天花板投影平面图，如图 12-22 所示。

（2）找到"项目浏览器"中的"天花板平面"，双击"1F 建筑 ± 0.000"打开一层天花板平面视图，单击"建筑"选项卡→"构建"面板→"天花板"按钮，如图 12-23 所示。

图　12-21

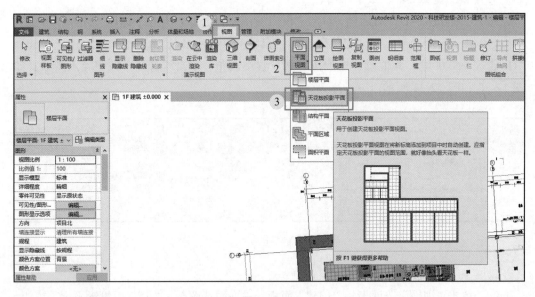

图　12-22

（3）在"类型选择器"中指定天花板类型。单击"属性"选项板中的下拉框中选择"基本天花板：常规"，单击"编辑类型"按钮，进入"类型属性"对话框，单击"复制"按钮，复制一个新的天花板，输入类型名称，按照"专业代号-厚度-顶棚-材质"的规则命名，本实例中科技研发楼消防控制室的顶棚为白色乳胶漆顶棚，厚度为15mm，可命名为"A-15-顶棚-乳胶漆"，将其"材质"改为"白色乳胶漆"，单击"确定"按钮保存并退出，参数设置如图12-24所示。

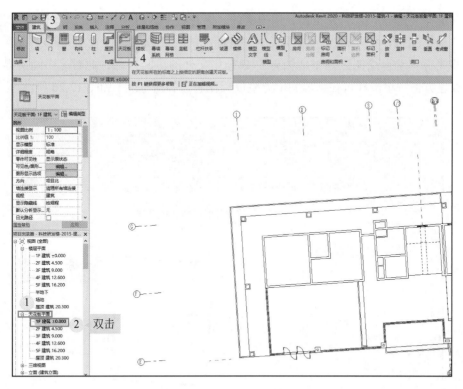

图　12-23

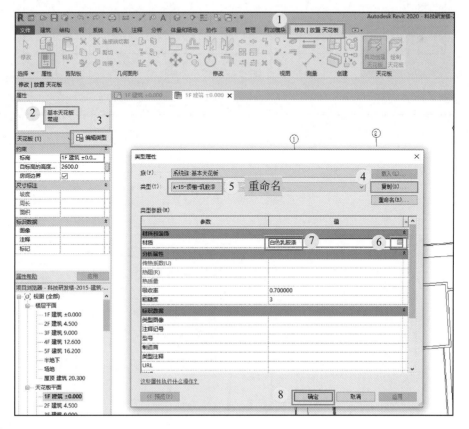

图　12-24

（4）在"修改|放置 天花板"选项卡的"天花板"面板中选择"自动创建天花板"按钮，根据图纸，将"属性"选项板中"自标高的高度偏移"设置为4000，设置完参数后将光标移动至绘图区内1~2轴与F~G轴相交处的房间内部，此时该房间边界上方出现红色方框，单击即可在该房间上方生成天花板，如图12-25和图12-26所示。

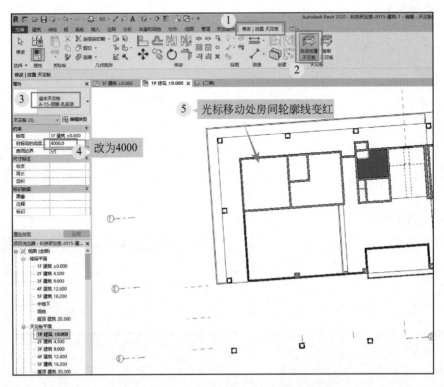

图　12-25

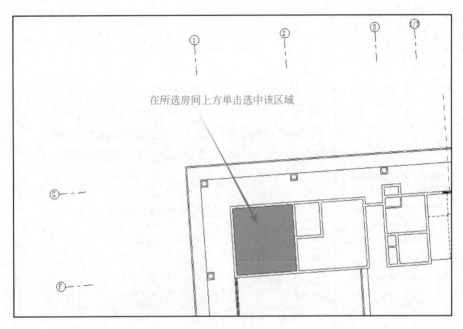

图　12-26

（5）依次选择"项目浏览器"中的"三维视图"→"三维"选项，将三维显示该房间的天花板效果，如图 12-27 所示。

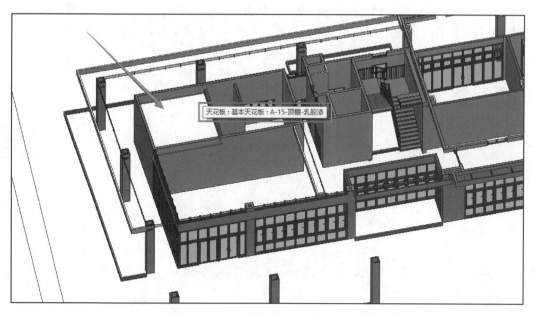

图 12-27

（6）勾选三维视图"属性"选项板中的"剖面框"，在建筑物三维视图外部将出现一个三维控制框，移动控制框边线处的三角形控制按钮即可得到任一位置的三维剖面效果图。通过移动竖向剖面框位置至上一步绘制天花板的"消防控制室"内部时，此时可清楚地看到该房间的顶板和天花板的相对位置关系，如图 12-28 所示。

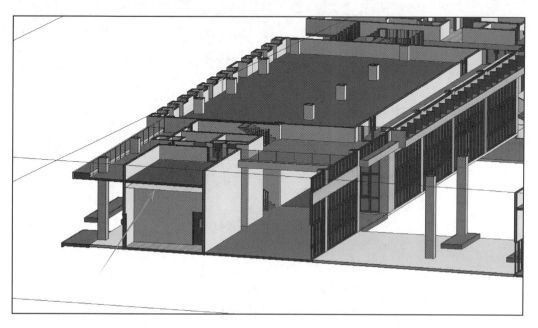

图 12-28

任务评价

本任务基于 BIM 建筑内装顶棚工作过程开展，考核采用过程性考核与结果性考核相结合的方式，强调课程内容考核与评价的整体性。具体考核内容包含综合表现、项目模型建立过程评价、工匠精神表现、任务答辩四方面。具体考核方式参见表 12-5 和表 12-6。

表 12-5　实训任务实施报告书

实训任务					
班级		姓名		学号	
任务实施报告					
任务实施过程： 任务总结：					

表 12-6　建筑内装顶棚的创建与布置实训任务评价表

班级_____　　任课教师_____　　日期_____

序号	评价项目	评价标准	满分	评价			综合得分
				自评	互评	师评	
1	综合表现	1. 迟到、早退扣 2 分，旷课扣 5 分（此项只扣分不加分）； 2. 课堂学习态度积极、纪律好，主动参与课程思考，动手能力强（15 分）； 3. 实施报告书内容真实可靠、条理清晰、逻辑性强（5 分）	20				
2	项目模型建立过程评价	1. 正确使用 Revit 2020 软件完成建筑内装顶棚的创建与布置（30 分）； 2. 建模精准度高、速度快，符合制图标准（20 分）	50				
3	工匠精神表现	1. 实训体现爱岗敬业、精益求精、不断创新的工匠精神（5 分）； 2. 组内活动参与度，团队协作意识（5 分）	10				
4	任务答辩	1. 解决实际问题的能力（10 分）； 2. 组内协调能力及独立创建与布置构件的能力（10 分）	20				

学习笔记

项目 13　场地平面

项目描述

　　Revit 作为一款专门面向建筑的软件，可以兼任辅助建筑设计和建筑表现两方面工作，其功能是非常强大的。用 Revit 辅助建筑设计需要设计者对 Revit 建模非常熟练，相比于辅助建筑设计，对于初学者来说用 Revit 来做建筑表现更加容易上手。因此以下所谈到的 Revit 建模主要是针对建筑表现方面。

项目实训目的

　　1. 通过本项目学习，让学生熟悉 Revit 2020 场地的相关设置。

　　2. 通过本项目学习，结合实训项目图纸，提高学生熟练运用 Revit 2020 创建和编辑地形表面的能力。

　　3. 通过本项目学习，结合实训项目图纸，提高学生熟练运用 Revit 2020 创建和编辑各场地构件的能力。

项目实施准备

　　1. 阅读工作任务，识读实训项目图纸，明确各场地构件在图纸中的位置，确保场地模型创建及布置的正确性。

　　2. 围绕不同的场地构件类型，结合项目图纸，熟悉 Revit 2020 软件自带族类型，确定是否创建项目族文件。

　　3. 结合工作任务分析建筑场地中的难点和常见问题。

项目任务实施

任务 13.1　创建地形表面

任务学习目标

　　（1）熟悉 Revit 2020 场地的相关设置。

　　（2）熟练运用 Revit 2020 创建和编辑地形表面。

任务引入

　　地形表面是建筑场地地形或地块的图形表示，是室外场地布置的基础。默认情况下，楼层平面视图不显示地形表面，可以在三维视图或场地平面创建地形表面。对于一些较复杂的场地，需要将场地 CAD 文件导入项目中来辅助绘制场地。本项目中的场地较为单一，没有高低起伏的场地，故本任务主要围绕项目工程介绍平整的场地的绘制方法。

任务实施

　　1. 通过放置点方式生成地形表面

　　（1）打开场地平面视图，切换至"体量和场地"选项卡，单击"场地建模"面板→"地形表面"按钮，在打开的"修改 | 编辑表面"选项卡→"工具"面板中选中"放置点"按钮。如图 13-1 和图 13-2 所示。

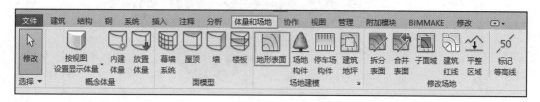

图 13-1

图 13-2

　　（2）在项目周围的适当位置连续单击围成一圈，放置高程点，本项目由于位于江苏省平原地区，无高山及丘陵，高程点可设置为统一高程点。如图 13-3 所示。

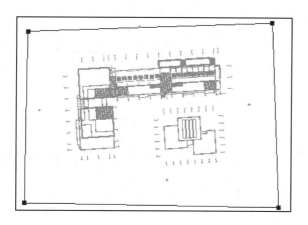

图 13-3

（3）连续两次按 Esc 键退出放置高程点状态，单击"属性"面板中的"材质"按钮，可根据场地需要进行地形材质的修改。单击"表面"面板中的"完成表面"按钮，完成地形表面的创建，切换至三维视图，地形表面效果如图 13-4 所示。

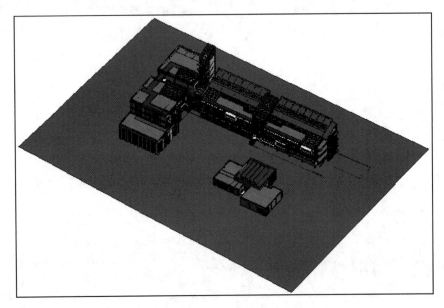

图　13-4

2. 通过导入数据方式创建地形表面

（1）Revit 2020 只识别两种形式的测绘数据文件，即 DWG 等高线文件和高程点文件。要导入 DWG 格式的 CAD 文件，首先要通过"插入"选项卡中的"导入 CAD"按钮导入该文件，如图 13-5 所示。

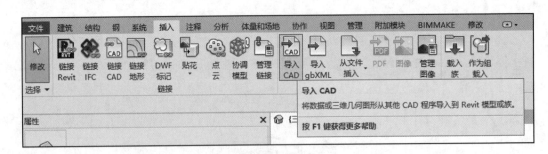

图　13-5

（2）单击"体量和场地"选项卡中的"地形表面"工具，如图 13-6 所示。

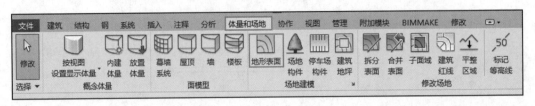

图　13-6

（3）单击"通过导入创建"中的"选择导入实例"，选择视图中导入的地形图（如果没有显示，使用快捷键 VV 打开可见性图形将图元勾选显示），弹出的"从所选图层添加点"对话框勾选全部，单击"确定"按钮，如图 13-7 所示。本项目由于无 DWG 格式的等高线图，故不再做深入探讨。

图   13-7

任务评价

本任务基于 Revit 2020 地形表面知识开展，考核采用过程性考核与结果性考核相结合的方式，强调课程内容考核与评价的整体性。具体考核内容包含综合表现、项目模型建立过程评价、工匠精神表现、任务答辩四方面。具体考核方式参见表 13-1 和表 13-2。

表 13-1 实训任务实施报告书

实训任务					
班级		姓名		学号	
任务实施报告					
任务实施过程：					
任务总结：					

表 13-2　Revit 2020 创建地形表面实训任务评价表

班级＿＿＿＿＿＿　　　　　任课教师＿＿＿＿＿＿　　　　　日期＿＿＿＿＿＿

序号	评价项目	评价标准	满分	评价			综合得分
				自评	互评	师评	
1	综合表现	1. 迟到、早退扣 2 分，旷课扣 5 分（此项只扣分不加分）； 2. 课堂学习态度积极、纪律好，主动参与课程思考，动手能力强（15 分）； 3. 实施报告书内容真实可靠、条理清晰、逻辑性强（5 分）	20				
2	项目模型建立过程评价	1. 熟悉 Revit 2020 软件创建地形表面的方法（20 分）； 2. 正确运用 Revit 2020 软件创建地形表面（30 分）	50				
3	工匠精神表现	1. 实训体现爱岗敬业、精益求精、不断创新的工匠精神（5 分）； 2. 组内活动参与度，团队协作意识（5 分）	10				
4	任务答辩	1. 解决实际问题的能力（10 分）； 2. 组内协调能力（10 分）	20				

任务 13.2　创建场地道路、草地和水域

任务学习目标

（1）能运用 Revit 2020 软件进行场地道路的创建。

（2）能运用 Revit 2020 软件进行草地和水域的创建。

任务引入

Revit 提供了"子面域"和"拆分表面"工具，可将创建好的地形表面划分为不同的区域，从而设置道路、草地等不同的区域并设置材质，完成场地设计，如图 13-8 所示。

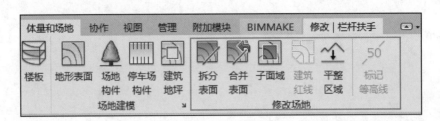

图　13-8

任务实施

1. 链接景观底图

进入"链接 CAD"对话框，勾选"仅当前视图"选型，"图层 / 标高"选择"可见"，"导入单位"选择"毫米"，"定位"选择"自动 - 原点到原点"，右下角"放置于"选择"研发楼 -1.150-1F"，其他设置选项按默认设置不调整，单击"打开"按钮导入图纸，如图 13-9 和图 13-10 所示。

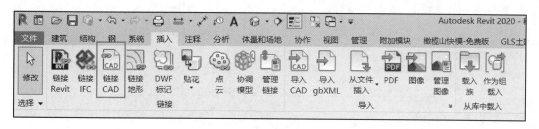

图　13-9

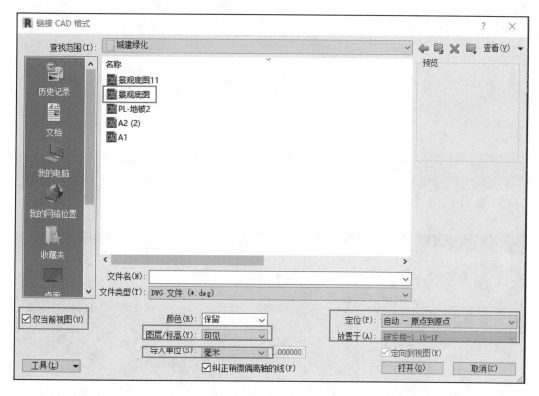

图　13-10

2. 场地绘制

（1）单击"体量和场地"选项卡→"修改场地"面板→"子面域"按钮，在"修改 | 创建子面域边界"选项卡→"绘制"面板中选择"直线""弧线"或"拾取线"等工具，绘制出场地道路、草地及水域等的形状，本项目因链接载入了 CAD 景观底图，故在绘制上述场地内容时建议采用"拾取线"，配合使用"直线"和"弧线"进行该项目场地的绘制，

此处绘制的所有子面域必须是一个闭合的区域，否则软件将会报错。绘制出上述内容的子面域后，单击"模式"面板中的"完成编辑模式"按钮，如图 13-11 和图 13-12 所示。

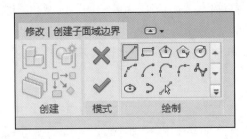

图　13-11

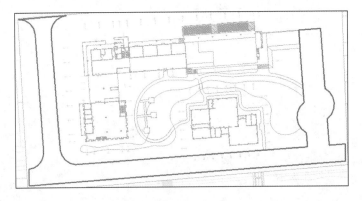

图　13-12

（2）根据景观底图中各道路形式、草地、水域等的分布，选中相应子面域，在"属性"面板的"材质"中为各子面域赋予其相应的材质。例如草地的创建，选中相应子面域，如图 13-13 所示，在"属性"面板中将材质修改为"草皮"，如图 13-14 所示。

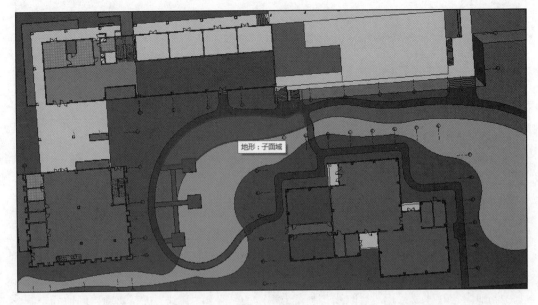

图　13-13

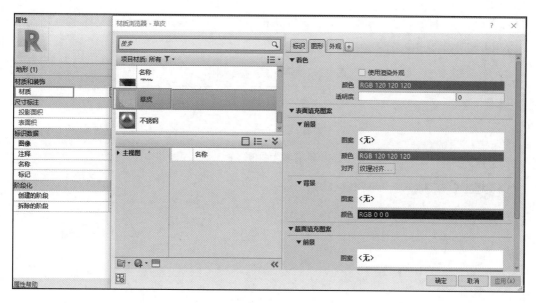

图　13-14

（3）此外，还可以采用"体量和场地"选项卡"场地建模"面板中的"建筑地坪"按钮进行场地道路的创建。场地中的景观栏杆可采用前述项目中介绍的"建筑"选项卡中的"栏杆扶手"进行创建，此处不再一一介绍。

（4）依次重复上述步骤，完成景观底图中各场地构件的创建，转到三维视图，即可查看整个项目建筑与场地的情况，如图 13-15 所示。

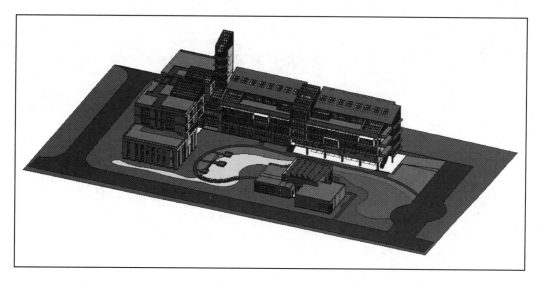

图　13-15

任务评价

本任务基于 Revit 2020 创建场地道路、草地和水域等知识开展，考核采用过程性考核与结果性考核相结合的方式，强调课程内容考核与评价的整体性。具体考核内容包含综合表现、项目模型建立过程评价、工匠精神表现、任务答辩四方面。具体考核方式参见表 13-3 和表 13-4。

表 13-3　实训任务实施报告书

实训任务					
班级		姓名		学号	
任务实施报告					
任务实施过程： 任务总结：					

表 13-4　Revit 2020 创建场地道路、草地和水域实训任务评价表

班级＿＿＿＿＿＿＿　　　任课教师＿＿＿＿＿＿＿　　　日期＿＿＿＿＿＿＿

序号	评价项目	评价标准	满分	评价			综合得分
				自评	互评	师评	
1	综合表现	1. 迟到、早退扣 2 分，旷课扣 5 分（此项只扣分不加分）； 2. 课堂学习态度积极、纪律好，主动参与课程思考，动手能力强（15 分）； 3. 实施报告书内容真实可靠、条理清晰、逻辑性强（5 分）	20				
2	项目模型建立过程评价	1. 熟悉 Revit 2020 软件创建场地道路、水域和草地的方法（20 分）； 2. 正确运用 Revit 2020 软件中的子面域或建筑地坪创建场地道路、水域和草地（30 分）	50				
3	工匠精神表现	1. 实训体现爱岗敬业、精益求精、不断创新的工匠精神（5 分）； 2. 组内活动参与度，团队协作意识（5 分）	10				
4	任务答辩	1. 解决实际问题的能力（10 分）； 2. 组内协调能力（10 分）	20				

学习笔记

项目 14　建筑表现

项目描述

　　建筑表现是建筑设计的成果表达，一般分为静态建筑表现和动态建筑表现两种。利用 Revit 软件，可以对已建好的三维模型进行效果图和漫游动画的制作，帮助设计师直观地进行设计成果表达，从而与业主更便捷地交流。

项目实训目的

　　1. 通过本项目学习，让学生掌握 Revit 2020 渲染及漫游的流程及方法。

　　2. 通过本项目学习，结合实训项目图纸，提高学生熟练运用 Revit 2020 进行模型渲染出图的能力。

　　3. 通过本项目学习，结合实训项目图纸，提高学生熟练运用 Revit 2020 进行漫游创建的能力。

项目实施准备

　　1. 阅读工作任务，识读实训项目图纸，明确漫游路径，熟悉漫游的基本操作方法。

　　2. 阅读工作任务，明确模型渲染出图的基本操作方法。

　　3. 结合工作任务分析建筑表现的难点和常见问题。

项目任务实施

任务 14.1　创建漫游

任务学习目标

（1）熟悉 Revit 2020 漫游的相关设置。

（2）熟练运用 Revit 2020 创建和编辑漫游。

任务引入

　　漫游功能是 Revit 内嵌的用来制作漫游动画的工具，是建筑师用来表现自己设计作品的"速写工具"。设计师可以从中获得全方位分析建筑产品的新视角。对漫游精心的策划也能满足设计师通过自编自导来充分表现建筑、表达自我的愿望。

任务实施

　1. 室外漫游

　　漫游路径是新建一个漫游的开始，也是最重要的一个步骤，其绘制方法可参考如下步骤。

　　（1）选择"视图"上下文选项卡→"创建"面板→"三维视图"命令，在下拉选项中选择"漫游"命令，如图 14-1 所示。

微课：创建漫游

图　14-1

　　（2）连续单击，根据需要，在想要设置路径的地方设置关键帧，设置关键帧前可根据高度不同在"修改|漫游"选项栏中设置相应偏移值，此处软件默认的"偏移"值为1750。关键帧设置完毕，单击"完成漫游"退出漫游路径的绘制，漫游绘制如图 14-2 所示。此时在项目浏览器面板中会发现新建的漫游 1。

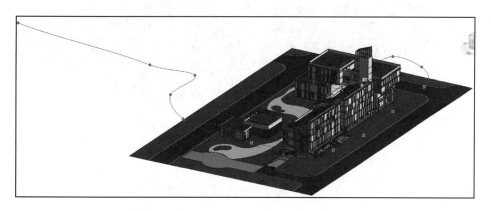

图　14-2

（3）双击漫游 1 进入相应视图，如图 14-3 所示，单击"编辑漫游"命令自动激活"编辑漫游"选项卡，如图 14-4 所示。

图　14-3

图　14-4

（4）单击"漫游"面板下的"上一关键帧"等命令，移动相机的两个按钮可以逐帧设置相机的位置、视口的大小和方向，如图 14-5 所示。

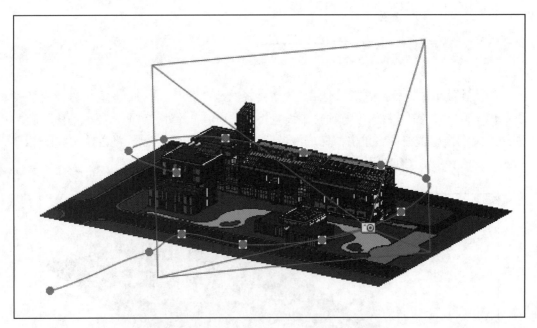

图　14-5

（5）设置完成后，单击"播放"观看漫游效果，如果速度过快或者对帧数数量不满意，可以单击帧数，在弹出的对话框中按照图 14-6 设置漫游帧。

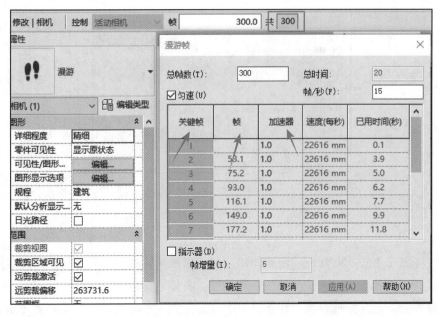

图　14-6

（6）导出漫游，单击应用程序按钮，依次选择"导出"→"图像和动画"→"漫游"命令，弹出"长度 / 格式"对话框，如图 14-7 所示。然后根据需要调节输出长度和格式进行视频压缩，如图 14-8 所示。

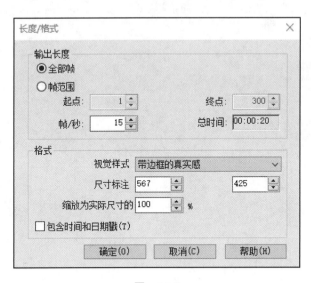

图　14-7

2. 室内漫游

室内漫游和室外漫游的创建方法相近，室外漫游是将相机设置在室外，而室内漫游则是将相机根据需要设置在室内，通过设置关键路径和相机的位置、视口的大小和方向，可进行室内不同楼层之间的漫游，将一个虚拟人置于建筑内部，漫游整个建筑内部。由于方法相近，室内漫游此处不再一一介绍。

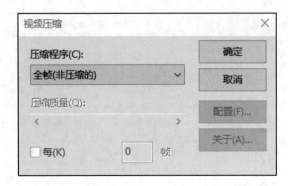

图 14-8

任务评价

本任务基于 Revit 2020 创建漫游知识开展，考核采用过程性考核与结果性考核相结合的方式，强调课程内容考核与评价的整体性。具体考核内容包含综合表现、项目模型建立过程评价、工匠精神表现、任务答辩四方面。具体考核方式参见表 14-1 和表 14-2。

表 14-1　实训任务实施报告书

实训任务					
班级		姓名		学号	
任务实施报告					
任务实施过程：					
任务总结：					

表 14-2　Revit 2020 创建漫游实训任务评价表

班级_____　　　　任课教师_____　　　　日期_____

序号	评价项目	评价标准	满分	评价			综合得分
				自评	互评	师评	
1	综合表现	1. 迟到、早退扣 2 分，旷课扣 5 分（此项只扣分不加分）； 2. 课堂学习态度积极、纪律好，主动参与课程思考，动手能力强（15 分）； 3. 实施报告书内容真实可靠、条理清晰、逻辑性强（5 分）	20				
2	项目模型建立过程评价	1. 正确使用 Revit 2020 软件创建漫游路径（20 分）； 2. 正确使用 Revit 2020 软件调整相机的位置、视口的大小和方向（30 分）	50				
3	工匠精神表现	1. 实训体现爱岗敬业、精益求精、不断创新的工匠精神（5 分）； 2. 组内活动参与度，团队协作意识（5 分）	10				
4	任务答辩	1. 解决实际问题的能力（10 分）； 2. 组内协调能力（10 分）	20				

任务 14.2　模型渲染

任务学习目标

能运用 Revit 2020 软件自带的渲染引擎进行模型渲染。

任务引入

Revit 提供了三维模型可视化功能，当给结构赋予材质后，利用渲染功能创建模型的照片及图像，加强了项目的直观性，可更直观地表达设计成果。本任务以二层乐活公社为例，介绍模型渲染的方法。

任务实施

1. 渲染参数设置

（1）灯光设置。将项目切换至任意平面视图，依次选择"视图"→"三维视图"→"相机"命令，如图 14-9 所示。在平面视图中拖动相机的视角，相机的远近由相机投影出的线条长短决定，如图 14-10 所示。

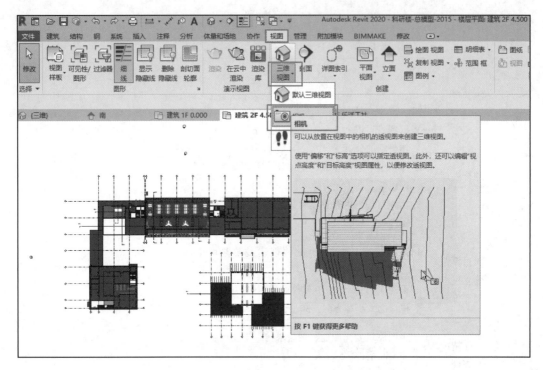

图 14-9

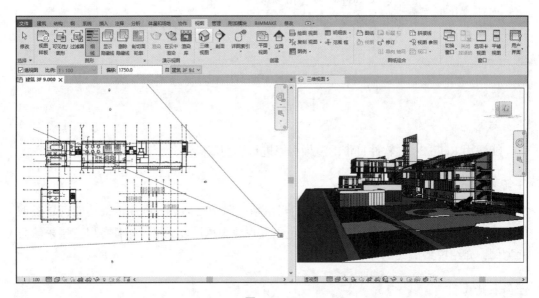

图 14-10

（2）渲染设置。选择"视图"选项卡→"演示视图"面板→"渲染"命令设置渲染，调节渲染分辨率。一般渲染时间与模型有关，模型越复杂、场景越大、时间越长。如图14-11所示，在"质量设置"中选择绘图模式，一般渲染时间为3分钟，低等在10分钟内，中等在2小时以内，高等在8小时以内，最佳模型渲染为14小时左右，而选择打印机模式的渲染时间更长。

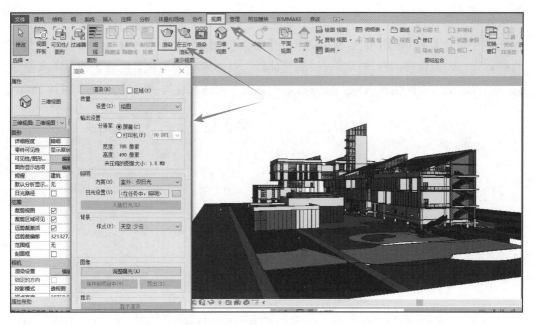

图 14-11

2. 渲染

考虑时间等因素，用户在模型渲染时可自行选择不同质量、输出设置、照明、背景等对创建模型进行模型渲染。本书按软件默认的设置进行渲染，模型渲染效果如图 14-12 所示。

图 14-12

任务评价

本任务基于 Revit 2020 模型渲染知识开展，考核采用过程性考核与结果性考核相结合的方式，强调课程内容考核与评价的整体性。具体考核内容包含综合表现、项目模型建立过程评价、工匠精神表现、任务答辩四方面。具体考核方式参见表 14-3 和表 14-4。

表 14-3　实训任务实施报告书

实训任务					
班级		姓名		学号	
任务实施报告					
任务实施过程： 任务总结： 					

表 14-4　Revit 2020 模型渲染实训任务评价表

班级 _____　　　任课教师 _____　　　日期 _____

序号	评价项目	评价标准	满分	评价			综合得分
				自评	互评	师评	
1	综合表现	1. 迟到、早退扣 2 分，旷课扣 5 分（此项只扣分不加分）； 2. 课堂学习态度积极、纪律好，主动参与课程思考，动手能力强（15 分）； 3. 实施报告书内容真实可靠、条理清晰、逻辑性强（5 分）	20				
2	项目模型建立过程评价	1. 正确使用 Revit 2020 软件创建相机（20 分）； 2. 正确使用 Revit 2020 软件进行模型渲染并导出渲染照片（30 分）	50				
3	工匠精神表现	1. 实训体现爱岗敬业、精益求精、不断创新的工匠精神（5 分）； 2. 组内活动参与度，团队协作意识（5 分）	10				
4	任务答辩	1. 解决实际问题的能力（10 分）； 2. 组内协调能力（10 分）	20				

学习笔记

参 考 文 献

[1] 中华人民共和国住房和城乡建设部.建筑信息模型施工应用标准 [M].北京：中国建筑工业出版社，2017.

[2] 中华人民共和国住房和城乡建设部.建筑信息模型分类和编码标准 [M].北京：中国建筑工业出版社，2018.

[3] 卫涛，阳桥，柳志龙.基于 BIM 的 Revit 建筑与结构设计案例教程 [M].北京：机械工业出版社，2017.

[4] 孙仲健.BIM 技术应用——Revit 建模基础 [M].北京：清华大学出版社，2018.

[5] 王冉然，彭雯博.BIM 技术基础——Revit 实训指导 [M].北京：清华大学出版社，2019.